銷魂 2.0

2.0

保險銷售的九陽神功

周榮佳 著

商務印書館

銷魂 2.0 —— 保險銷售的九陽神功

作　　者	周榮佳	
書法題字	小醉 Arco Lee	
相片提供	周榮佳	
封面攝影、化妝及形象指導	Miu Fung make up and professional image	
責任編輯	張宇程　劉心好	
封面設計	趙穎珊	
出　　版	商務印書館 (香港) 有限公司	
	香港筲箕灣耀興道 3 號東滙廣場 8 樓	
	http://www.commercialpress.com.hk	
發　　行	香港聯合書刊物流有限公司	
	香港新界荃灣德士古道 220−248 號荃灣工業中心 16 樓	
印　　刷	美雅印刷製本有限公司	
	九龍觀塘榮業街 6 號海濱工業大廈 4 樓 A 室	
版　　次	2022 年 7 月第 1 版第 2 次印刷	
	© 2021 商務印書館 (香港) 有限公司	
	ISBN 978 962 07 6675 6	
	Printed in Hong Kong	

目錄

1 畢業拜師

2 鳳凰傳奇神功

序一

懷着興奮的心情期待 Wave 第二本著作面世，因為我深信好的事情必能延續。Wave 的首本著作《打造 100%MDRT 團隊—絕密關鍵》大獲好評，非常成功。至於第二本，給我的感覺很特別，想不到我在當中佔了不少「戲份」，包括由我 30 年前剛入行與他相識，到他入行後所經歷的一切，各種成功與挫折，一幕幕重現眼前。

每一個新入職的保險從業員，都必定經歷大量心理關口和掙扎，尤其當年極少大學生加入這行，Wave 當初也有不少顧慮。他初來我的辦公室時也顯得有點抗拒，可是我介紹這行的龐大發展潛力時，這個年輕人聽得十分入神，讓我覺得此子大有可為，而他的眼光比很多同年紀的人都遠。結果，我們一談便是三小時，Wave 最後亦作出了明智的抉擇；很感恩我們師徒的情誼就從那刻正式萌芽。

Wave 是一個很聰明的人，想不到多年前我教他的各種技巧，他仍然一一記於心上，現在還將學到的公諸於世，讓其他有意入行的新人開創自己一條成功之路。不過，理論歸理論，要成功，最重要還是實踐；擁有再好的武功秘笈，如果不練功，不使用出來，便是得物無所用。而 Wave 正正是一個行動力極高之人，我教的東西，他都能一一實踐，將「簽單八步」運用得爐火純青，這亦是他多年來最成功的地方。

其實，財務策劃的工作說難不難，只要能跟足上司所教的一切，以 Simple Mind 行動，要出人頭地絕非癡人說夢。我多年來教過無數新人，當中很多都不斷地被負能量打敗，覺得自己成功無望，因而放棄「追夢」。

Wave 初入行也只是一名初出茅廬的小伙子，入世未深，當然也有負面情緒，那刻他最需要上司和團隊的支持。在他書中寫的鳳城酒樓一幕，是的，那刻我知道他狀態低迷，但慶幸是他能很快走出谷底，不再鑽牛角尖；就算他在第一年失落了 OYSA 的出線資格，也沒有氣餒，第二年再接再厲，這份積極、勇於面對挫折的精神，才是大家最值得學習的地方。

Wave 近年事業如日方中，看着他由一名少不經事的年輕人，到建立一支 100% MDRT 團隊的領袖，再到去年晉升為 Senior District Director，實在為他高興，這份喜悅猶如父母看着兒子出人頭地一樣，在此祝願 Wave 事業能再創高峰！

林鉦瀚

友邦香港高級資深區域總監

序二

很榮幸獲 Wave 邀請為他的新書寫序，初看書名「銷魂」，還以為是一本講述行銷的書，細閱後，才知道 Wave 將其入行經歷娓娓道來。其中一段情節很深刻，就是 Wave 剛簽約入行，他的師傅拿着合約跟他說：「這是一條能打開十幾億人有關財務策劃、財富管理市場這個大金庫的鎖匙，有些人拿着這條鎖匙空手而回，但有些人則靠它找到他們的金山、銀山。」

確實，對於保險從業員來說，香港是一個寶地，雖然地方細小，但人口密集，本身已很容易找到客源，再加上國際金融中心的地位，又背靠祖國，全球資金都聚集於此，絕對是理財策劃師的金山、銀山。

事實上，根據百萬圓桌會的紀錄，截至 2020 年 7 月為止，全球最多 MDRT 會員的地區是中國香港，有 10,858 人；中國排名第二，有 9,848 人；第三位的美國就有 7,349 人。

這數字代表甚麼？一個小小的香港特區，只有 700 多萬人口，已有接近 1.1 萬人獲得 MDRT 資格，數量之多超越中美兩大國，這意味香港有的是無限商機，要做出業績亦較為容易，而香港亦不乏保險業人才，只要能像 Wave 般積極、勤力，當上 MDRT 絕非遙不可及的事，關鍵只是能否運用打開財富管理大金庫的鎖匙。

在 Wave 的書中，有各種各樣的實戰技巧，當中包括如何做 Cold Call、被客戶拒絕時的應對方法等，相信大家只要抱着單純的心，跟着做，要成功並不難，真希望香港有更多人成為 MDRT、COT 及 TOT。

除此之外，書中亦有很多關於人生的哲理、發人深省的小故事，就像書中首章，Wave 與同伴行山時迷路，便帶出人生遇到迷惘時，原地踏步於事無補，只有勇於跨步前行，才有機會走出困境。所以，就算大家並非保險從業員，這本書也值得一看。

Pecky Wong（王素萍）

Board of Trustee, MDRT Foundation (2020-2022)
Board Liaisons of Inner Circle Committee,
MDRT Foundation (2021)
Committee member, MDRT Finance Division (2021)

序三

看畢《銷魂》這本書，令我有很深感受。我認識 Wave 已差不多 20 年，而我的第一張保單正是找他買的。當時大學畢業後想買保險，我在別人介紹下認識了 Wave，雖然他當年年資尚淺，但談吐舉止穩重，介紹計劃時清晰又有條理。他在紙上列出各項保障，有病入院會賠多少，最後保費多少，所有細節一目了然，我根本想不到有何異議，然後就簽單了。這正正是 Wave 在書中所說：「一個完美的 Presentation，是不會有 Objection 的。」

在簽完名一刻，Wave 說了一句話，我至今還記得一清二楚，就是「記着，如果生病入院，第一時間要找我，我必定會為你辦理賠償。」

作為一個保險代理，最重要就是有責任感，Wave 這句話讓我十分放心。很多代理「講就天下無敵，做就有心無力」，而 Wave 卻是講得出做得到的人，我有疑問時他必會回覆。我過去曾因一些小意外要索償，他很快替我辦妥，而且很多時款項在一星期後便收到。他替我做財務策劃，我是十分滿意的。

直至 2015 年，我與 Wave 的關係由保險代理與客戶的關係，提升至工作上的夥伴。這契機緣於很久以前，我也記不起確實時間了，當我還是小記者時，Wave 竟然問我：「我想寫專欄，有沒有機會可以

讓我這樣做？」以我當年的職位，開專欄豈會是我這些小角色話事，於是只能隨口説替他留意，之後當然沒有下文。

　　惟小角色有成長的一天，我後來晉升至執行編輯，負責開設網上內容平台，當時有一個重任，就是要找一些新面孔成為網上專欄作家，最好可以帶動人流到公司網頁。此時我想起 Wave 提出過的要求，雖然他沒有寫作經驗，但我知他有 CFPCM 銜頭，可以寫關於理財的文章，更重要是他被封為「AIA 男神」，或許可吸引很多 Fans，於是斗膽向總編建議起用他，結果總編接納建議，他亦爽快答應，大家一拍即合。

　　合作期間，我更加了解 Wave 的優點，他交稿從不脱期，亦很緊張其內容質素，會來電問我文稿寫得好不好，有沒有需要改善的地方。而他亦十分聰明；我看到他寫作在進步中，文章的內容亦漸漸貼近大眾口味。他的文章在我們網站排行榜中經常名列前茅，成為公司十分器重的專欄作家之一。他現在還著有兩本著作，成長之快令人刮目相看。

　　看到《銷魂》內的 Wave，讓我察覺他那種負責任、主動、力求進步、勇於接受挑戰的性格，應該是在接受保險代理培訓時養成的良好習慣。若他不踏出第一步，向一個小記者提出想做專欄作家的要求，我找專欄作家時根本不會想起他，正如他在書內提到：「保險代理不主動向客人介紹產品，客人想買的機會也沒有。」

書中雖然有很多關於保險代理的實戰技巧，但背後的精神更加值得學習，只要做到保險從業員那種不屈不撓的拼勁，對人對事都一諾千金，凡事抱積極和正面的思想態度，相信不論從事任何行業，都可以成功。

何妙芝

《經濟一週》前執行編輯

序四

我與 Wave 認識多年，素知他能力過人，不但是一個優秀的管理人員，也是一名銷售高手，所以大家惺惺相惜，互相尊重。

看完 Wave 所寫的《銷魂》後，我除了佩服他的毅力和樂觀積極的態度外，更慶幸他能一入行便跟着一個好老闆，一位可以無私地傳授各項簽單「武功」、並且給予無限支持的好師傅。

在書中，不難發現 Wave 在低潮時，他的師傅總會及時出現；一時到他家附近，又會經常致電他詢問工作情況，當他有困難時馬上提出建議，最後 Wave 總能化危為機，順利簽單。除此之外，Wave 得到很多師兄師姐的幫忙，例如有人帶着他到工廈和貨櫃場 Cold Call，獲取寶貴的實戰經驗；亦有人在他見客前幫忙出謀獻策，可見他所屬的團隊很團結，會守望相助、互相鼓勵。

香港有很多保險銷售團隊，一間大型保險公司，隨時有過百成千的經理，採取的管理方式各有不同。有些會像 Wave 的團隊般，有一套系統帶領新人，但有些則賦予新人很大工作自由度，但同時未必會太照顧他們，當他們在簽單上遇到困難，也不知道向誰求助。

雖說財務策劃是很個人的業務，只要找到客，簽到單，自然有收入，毋須與他人合作，但千里馬也需要有伯樂扶持，才有展現才

能的機會，這也是我在經理協會極力推行的任務。

　　一個新人入行後，有很多知識需要學習，如果沒有人教授銷售技巧，出錯時沒有人及時提點，有客上門也不懂得應付，結果不但讓機會白白流走，更會因

　　屢受挫敗對這行失去信心，加上長期沒有收入，轉行只是遲早的事。

　　不過，現在新人有福了，因為 Wave 已將他畢生學到的銷售「武功」詳載於這本新書內，大家跟着做，想必也能像他成為銷售高手。若然跟着一個好上司和加入一個好團隊，在你有需要時及時給予強大支援，在事業上定必能如虎添翼。

　　在此，希望借這本書鼓勵各同業和經理以身作則，令這個行業發展得更專業，發光發亮！

卓君風

香港人壽保險經理協會（GAMAHK）會長（2019-2020）

序五

《銷魂》這本書，我會形容它為「保險從業員的聖經」。《聖經》是由一個個故事章節去帶出神的啟示。而 Wave 今次就透過他入行前後的小故事，講述保險業新人的點點滴滴，包括各種發展與機遇、當中的困難、新人應有的心態等等。

作為初入行的新人，必須閱讀這本書，因為書中提供大量銷售應對貼士，助大家開拓生意，與此同時亦提到一個新人必經的心理起伏，Wave 現身說法教大家如何走出困境，克服心魔，重拾正面心態，最後達成目標。每當遇到迷惘時，這書將是大家的「心靈雞湯」。

對於未入行、想入行但仍猶豫不決的人，亦需要看這本書，因為 Wave 將自己入行前的心理掙扎仔細剖析。一個年輕人在選擇職業時，要考量甚麼？保險業有甚麼機遇？如何擺脫別人看保險從業員的有色眼光？看了這本書後，必定會對財務策劃這行有新的理解、新的體會。

對於已在行內浸淫良久的老行尊，這本書絕對會引起大家共鳴，因為對 Wave 所講述的遭遇都有似曾相識之感，一邊看，一邊會不其然回想自己初入行時遇到的種種人和事。所以，這本作書除了讓大家懷緬過去，更重要是可以重拾做新人時的工作熱誠。

事實上，有很多財務策劃師在行內一段時間後，因為客源和收入穩定，拼博精神亦隨之減少，但古語有云：「不進則退！」在第八章，Wave 帶出了進步、成長的重要性，當大家達成一個目標之後，不應該被安逸牽絆，而是要向下一個目標出發。看到 Wave 成功奪得 OYSA，然後再向團隊經理、DMA、MDRT Life Member 等目標進發，他的故事可深深激勵每一個同業，不斷推動自己前進。

在此祝願每一位財務策劃師，無論是新人還是舊人，都可以毋忘初衷，在行內發光發亮。

黃綺年

香港人壽保險從業員協會（LUAHK）會長（2017-2018）

銷魂
2.0
——
保險銷售的九陽神功

序六

財務策劃是十分專業的工作，除要熟悉各種保險和理財產品，亦需具備基本理財和醫學知識；遇到索償時，要細心處理各種行政手續，且在人際關係上要面面俱圓，而遇到異議時要懂得隨機應變，挑戰性極高。

有見及此，很多保險公司都十分着重培訓員工，尤其是新人，好讓他們適應業界的工作模式，包括由以前被動地等公司派發工作，到現在要主動出擊尋找客源，還要應對不同人的拒絕和異議，以免被打擊至自信心失調，最後黯然離開這行。

去年有幸認識 Wave，得知他的團隊取得 100% MDRT 的成績，已很好奇他如何做到，而他竟無私地將管理心得統統寫於上一本著作。今年，他再抽出寶貴的時間，將其入行經歷、成功心得，以及所學的銷售技巧，既生動又巨細無遺地記錄，當中包括「簽單八步」、「Closing 七武器」，並附實例及剖析新人常遇到的難題，極具參考價值，絕對有助提升簽單成功率。

雖然書中所述的都是關於保險這行業，但非保險業人士都十分適合閱讀這本佳作，因為銷售技巧萬變不離其宗，例如 FAB 提到要將產品與客戶所需連繫起來，才可提起客戶的興趣，適用於各行各

業。而在人生路途上，學懂推銷又是生存伎倆，例如見工時要推銷
自己、做生意也要推銷計劃等，所以人人閱讀此作都必有所裨益。

劉健基
美國壽險行銷調研協會（LIMRA）亞洲區域總裁

序七

　　俗語有云：「三歲定八十。」所以，如能對一個孩子灌輸正確的人生觀和價值觀，培養他養成良好的習慣，便能打下成功、成材的基礎。同樣，在保險理財行業，如能對新人灌輸正確的概念，培養他們養成良好的工作習慣，相信要在這行立足絕不困難。

　　看到《銷魂》內年輕的 Wave，在非常自由的保險理財行業，對自己坦誠，有幹勁，有理想，並定下遠大目標，這樣他工作才不致散漫，亦不會偷懶。否則，「今個星期已見了五個客，不如休息一下吧！」、「上個月生意已超標，今個月可以輕鬆一點。」鬆懈一輪之後，要再重拾拼勁和狀態便要費上一番工夫。

　　當然，能否達標，關鍵不只在勤奮，還要反思得失。我看到 Wave 有一種矢志要完成目標的決心，他為了要拿到 OYSA，一星期見 20 個客，做得不好便找老闆檢討，尋求解決方法。而且，當年即使達不到目標，他於下一年捲土重來。這種勤奮、積極、永不言敗的精神，實在值得很多新人借鏡。

　　Wave 還有一個很重要的特質，就是服從和尊師重道。他的老闆教他很多方法去達成目標，他都一一照辦，甚少質疑。保險理財就是靠着 Simple Mind 的心態做事，才會有好的成果。惟時下年輕人很多時會問 Why，當上司提出指示或意見，往往會有很多質疑。「這

方法是否可行？」、「真的有成效嗎？」等等。其實，提出這些問題時，意味他們腦裏已有「不可行」的負面思想，如此便窒礙其信心和行動。

今天，Wave 能夠獨當一面，並有自己一支出色的團隊，其實早在他是新人時已種下成功的種子。我希望所有加入保險理財的新人，都要好好重視公司和上司的培訓，學好武功，在事業上闖出新天地。

鄭鏗源
第十七屆亞太區壽險大會（APLIC）主席

序八

很高興看到 Wave 再出新書，亦很榮幸連續兩次為他的新書寫序。記得上次其著作《打造 100% MDRT 團隊—絕密關鍵》，寫的是管理及培訓的心得和技巧，對象主要是管理層。今次這本《銷魂》則是適合所有財務策劃師看的書籍。當中不但有實用的銷售技巧，更重要是道出了所有前線從業員必經的心路歷程。

Wave 在書中分享所經歷的困難與試煉，包括開拓客源、怎樣由一般話題切入至生意銷售、遭客人拒絕時如何應對，甚至在連串失敗後，有不想見客、容忍自己零業績等情況，相信每一個保險從業員都會遇到類似的難題。有些人會想辦法去克服它，努力達到目標；但選擇逃避，不斷給自己藉口，最終離開行業者大有人在。

「成功非僥倖，失敗必有因。」作為友邦香港總經理，帶領着友邦在全港的保險代理，每一年我都看到很多新人入行，亦有很多新人抵受不住試煉而離去。能留下並可以大展鴻圖的，都是像 Wave 般，擁有積極、勤奮、勇於接受挑戰、有遠大目標、充滿正能量等特質。

很多行外人不了解情況，以為保險前線工作很簡單，只需見見客，簽簽單，多聘請幾個下線便能財源廣進，殊不知大家必須捱過新人時的種種苦況和低潮期，才可以蛻變成漂亮的蝴蝶。正如一

代聖賢孟子的名句：「天將降大任於斯人也，必先苦其心志，勞其筋骨。」

理財策劃這一行已變得愈來愈專業，入行除了需要通過考試外，學歷還要達到一定要求。入行門檻雖然提高了，但仍然吸引不少人加入。根據保險業監管局數字，2018 年年底共有 69,285 名個人代理，以及 25,356 名保險機構負責人和業務代表，即香港保險前線從業員有接近 10 萬人。但當中能獲得 MDRT 資格的不足 1 萬人，比例只有一成左右，所以要在這一行突圍而出，便需加倍努力。

在今天資金充裕的市場環境下，大眾對理財需求愈來愈高，再加上大灣區的發展機遇和香港政府新推出的自願醫保、MPF 自願性供款及延期年金的扣稅計劃，造就了行業的龐大商機。大家只要好好把握，抱有積極和正面的心態，相信必有所成。

願神繼續使用 Wave 在保險業界為更多人帶來激勵和祝福，並且榮耀神的名！

詹振聲
友邦香港及澳門營業總經理

自序

　　我的第二本書《銷魂》終於完成，全書超過 60,000 字；動筆寫這篇自序時正是 5 月 4 日，五四青年節，正好回應書內年輕時的我。

　　簡單來說，《銷魂》是我第一本書《打造 100% MDRT 團隊—絕密關鍵》的前傳，內容講述我大學畢業後有七個獲聘機會，最終選擇加入保險行業；入職後，從無所適從到最終成為 OYSA 及 MDRT 的故事。

　　跟第一本書完全不同，這本主要寫銷售技巧和心態，故命名為「銷魂」，銷指銷售，魂則有精神、神志之意，故特別適合有興趣投身保險這行業和入職首兩年的從業員閱讀。當中的一些營銷技巧、心法與策略，相信能幫助新手提高銷售的成功率，從而為行業挽留人才作出一點貢獻。

　　對我來說，寫《銷魂》確是一件開心的事；太太也指，經常看見我在電腦前邊寫邊甜絲絲地笑，原因是我想起很多入行前後的成長片段，也包括那些令我苦不堪言、傷我心的人和事。而隨着人生歷練多了，就覺得沒甚麼大不了，那些經驗反而成就了今天的我。

　　是次出書，實在要感謝讀者們對上一本書的支持和肯定，亦要感謝出版社的認同，讓我有機會趁我記憶尚未模糊時寫下這個題

材。當然，我要感謝我的事業再生父母林鉦瀚先生，我人生中第一份保單是他賣給我的，我第一也是唯一的事業也是他帶給我的。還有，感謝主派了很多天使出現在我生命當中，助我渡過很多難關。最後我想感謝自己，感謝自己一直努力！

希望大家喜歡《銷魂》！

周榮佳

1

畢業拜師

1 畢業拜師

1.1　畢業前的困惑

　　2019 和 2020 年對香港來說，可說是極具挑戰的兩年，但卻是我事業的高峰期。我分別被香港傳媒評選為「保險風雲人物」，香港保險業聯會 HKFI 評選為「年度傑出保險代理」，新加坡媒體 Asia Advisers Network 評選為「年度亞洲最佳保險領袖」及「年度亞洲最佳數碼化領袖」，可謂收穫滿滿。

◆ 我被香港傳媒評選為「保險風雲人物」，並榮登《iMoney》封面。

◆ 我被香港保險業聯會 HKFI 評選為「年度傑出保險代理」。

◆ 我在泰國曼谷被新加坡媒體 Asia Advisers Network 評選為「年度亞洲最佳保險領袖」。

1 畢業拜師

Wave Chow
AIA International Limited, Hong Kong
Digital Agency Leader of the Year
#ATLAA #AIRlifeav

◆ 我被新加坡媒體 Asia Advisers Network 評選為「年度亞洲最佳數碼化領袖」。

在一次訪問中，記者問：「Wave，你在大學修讀的是電子工程，而不是金融或市場營銷，為何會加入保險業？」這個問題已很多年沒有人問了，然而大學畢業至今 24 年，往事如像昨日，歷歷在目。

1996 年年底，是我於香港理工大學就讀的第三年。放了一個長假後返回校園，察覺氣氛有異樣，每個同學行色匆匆，就像為中億元六合彩而趕去投注一樣。期間，我碰到一位同班同學，他問我：

「Wave，你申請了沒有？」

「申請甚麼？」

「AO、EO II 啊！」

「甚麼化學名稱代號？」我一臉惘然地問。

同學難以置信地說：「不是吧？AO、EO II 也不知道？AO 是香港政府的政務主任，EO II 是二級行政主任。」

「這是行政工作，我們讀電子工程，合適嗎？」

「管他的！最重要是人工高，夠穩定，考到便有鐵飯碗。我們所有人也申請了，你也申請吧。這張表格，快填吧，明天截止。」

■ 排除法選科 ■

由於我拖拖拉拉，最後趕不及申請，後來得知班上的同學沒有人成功申請，教我有點幸然（同學們別打我）。但是，這件事對我有很大衝擊，因為當時尚有半年才畢業，我的心思全放在考試、測驗和畢業功課（Final Year Project, FYP）上，根本沒有時間思考前途。然而，看到同學開始為求一職寄履歷表去各大公司，便覺得自己後知後覺，開始認真想想自己將來要做甚麼工作。

坦白說，我讀了三年電子工程後，得出一個結論就是我不喜歡電子工程。我高中時對選科茫無頭緒，即使看着當年六間大學提供的課程及簡介，也不了解實際上要讀甚麼。再者，那時互聯網並不發達，未能上網搜尋資料。作為整個家族裏的第一個大學生，想問人也沒有門路。

於是，我用排除法（Selection by Elimination）選讀大學

課程，將沒有資格和沒有興趣入讀的學科一一剔除，剩下的再作篩選。適逢當時電視有個職業訓練局（VTC）廣告，當中有個男人畢業後成為工程師，不單人工好，還可以開開篷車，接載老婆去買樓。相信不少香港人也有印象，事關 1996 年樓價飛升，一年升三成，以致買樓對很多人來說是遙不可及的事。我看着那個廣告，突然覺得讀工程是很美好的事，有樓、有車、有老婆，那不是很多男士的夢想嗎？再加上我數理底子較強，應該有能力考進去。而在芸芸工程學科中，我覺得電子工程是所有工程的腦袋，層次高一點，不像其他機械工程、工業工程等科目要學生親力親為去做事（其他讀工程的朋友別打我，原諒我當年年少無知）。當年我甚至以為讀電子工程後會懂得修理電視、電腦等，也算是有用，所以就申請了電子工程系。

■ 勇敢面對自己找工作 ■

結果，課程內容絕非我想像那回事。我帶着一臉迷惘問教授我是否選錯科了？他很理所當然地說，第一年讀的主要是基礎知識，對往後的課程內容很重要，着我努力打好根基。於是，大學首年我很用功，修讀八科，考獲 4A、3B、1C，名次排在全班前列位置。但到第二年時，我發現所讀的仍非我想要的，於是便無心向學，成績亦見下滑。第三年趕 FYP，我更痛苦。平日功課還可問同學怎樣做，甚至借來抄寫，但 FYP 是獨立的習作，人人的題目不同，同學想幫我也幫不了，唯一可請教的人就只有自己專屬的導師（Supervisor）。

那時我感覺孤立無援，看不到出路。心裏的想法就是快些畢業，出來社會工作，要不做研究生，或修讀另一個學士學位。不過，第二個想法很快便擱置了，因為我根本不喜歡電子工程，不想繼續走錯的路，何況也未必獲大學取錄。至於第三個想法，就給我媽媽一句很有智慧的話打消了。她問我想讀甚麼？由於我毫無頭緒，所以敷衍答她；然後她說：「如果你真的喜歡這科，無論多辛苦，我也會支持你。但若然你只想逃避現實而不工作，苟且求學，對不起，我沒有這些閒錢。」

我媽媽這番說話彷彿是給我的一記當頭棒喝，喚醒了我，其實我真的不喜歡讀書。既然第二和三個想法行不通，我惟有找工作去。

◆ 攝於 1997 年香港理工大學畢業。

1 畢業拜師

1.2　行動勝於空想

　　既然決定投身社會，我開始認真思考除了電子工程外，還可做甚麼工作。豈料一想便兩個月，依然毫無方向，直至有次參加香港青年獎勵計劃，其中一個項目於野外鍛煉行山。我們的小隊走着走着，在某山谷低處迷路了，只知身處地圖某區域的三條路中間。然而被大樹包圍，深怕愈走愈錯，便不敢貿然前行。

　　一段時間後，在高處監察我們的教練突然現身，問我們為何停滯不前？我們便跟他解釋，他隨即問：

　　「懂得用指南針嗎？懂得用地圖定向嗎？」

　　我們答：「都懂！」

　　「既然你們知道身處三條路中間，你們只要用指南針定好方向一直走，便可以脫離困局，重新上路，停下來是沒有用的。」

　　教練這番話不但成功帶領我們走出山谷，也令我走出困局。我之前太執着要想清楚一切才行事，結果找不到答案，還白白浪費了兩個月。其實，只要我不停找工作、去面試，終會從中認識自己，找到一份適合自己的工作。

　　於是，我又用報讀大學課程的排除法，在招聘廣告中，將我不合資格、沒有興趣的工作統統剔除，剩下的都寄出應徵信。只要公司約我面試，我都會去見工，亦很積極出席招聘講座。

◆ 我與香港青年獎勵計劃的隊友和教練合照。

　　很感恩，那段求職日子就在 1997 年亞洲金融風暴前，當時經濟市道還不錯，我寄了約 20 封應徵信，竟然有 10 個面試機會，其中有 7 份工聘用我，這包括 3 份保險工作、2 份做銷售工程師、1 份做助理工程師，還有 1 份當 IBN 的銷售管理培訓生（Sales Management Trainee, SMT）。那麼，如何選擇好呢？首先，我鐵定不會選做助理工程師。可能你會奇怪，既然我不會做，為何還要花時間寄信和面試呢？第一，人是矛盾的動物。第二，可能是出於情意結吧，始終修讀了相關學位，不想白白浪費三年，給自己一個面試機會也未嘗不可，而且我的父母也十分期望我做工程師，就當滿足他們吧！

1

畢業拜師

1.3　轉工的原因

不做工程師有五個原因。第一，我讀大學時還是單身，一直想拍拖，對愛情和婚姻充滿憧憬。可是，全班 100 個同學只有 4 個女生，我連她們的樣貌也未看清楚，她們便已宣告名花有主。聽師兄說，在工程界，陽盛陰衰的情況相當嚴重，每天上班對着的不是男性便是電腦，生活枯燥乏味，想找另一半更是難上加難。

第二，我讀大學時，已有一些內地博士生來港做研究助理。他們果然是學者，極愛電子工程，放工也不回家，寧願在實驗室埋頭工作。然而，他們的人工低廉，據悉當年月入約港幣 1 萬元，與學士畢業生的平均起薪點相若。我心想：與這些內地博士生相比，我哪有競爭力？我是公司老闆也會請他們呢！

第三，我讀大學時，經常用一種電腦程式語言 TURBO C++，但有一次，一位師兄回校與我們交流時說了一句話：「甚麼？你們還學 TURBO C++？現在外面已經不用了。」這句話對我的衝擊很大，原來我學了三年的東西，出到社會竟然用不着，那為甚麼還要學？其後，我明白科技日新月異，IT 這行要不斷追趕技術，棄舊迎新。換句話說，我用很長時間學曉的技術，只能用一段時間，然後又要學新的，不斷更替。如果一輩子都要這樣追趕，我覺得很累。

第四，就是晉升前景有限。一般來說，做助理工程師三年後就可以升為工程師；能力高一點的，再做五至十年就可以升為高級工程師，月入約 5 萬元，比上不足，但比下有

餘。但到那時，事業開始進入橫行狀態，因為一間公司的中高層，一般都是從營業部和市場推廣部出身，工程師要進入核心管理層是相當困難的。如此說，彷彿未起步已看到終點。所以，工程師這行實在是穩定有餘，卻不能令人變成有錢人；而我還是一個剛離開校園的「新鮮人」(Freshman)，人生還有很多可能性，怎麼可能在最應該拼搏時選擇安逸呢？

第五，見一位叔叔中年被裁。他在多年前於香港大學畢業後跟着上述的晉升階梯，先做工程師，後升為高級工程師，月入數萬元，很多人都覺得他生活穩定無憂。誰知有一天公司裁員，他也在裁員名單上，被裁之後半年找不到工作，可是他有兩個仍在求學的女兒，逼於無奈為供書教學接受一個工程師職位，薪金減至 3 萬元。這感覺猶如玩飛行棋般，快到終點時，飛機突然被人轟炸返回起點。我聽完他的故事，覺得打工的前途不能自控，完全沒有安全感。

基於以上五個原因，再加上自己喜歡對人多於機器，所以我沒有考慮工程師的機會。

雖然銷售工程師也是一份對人的工作，但因為面對的人來自一個特定市場，接觸的人脈有限，而且有既定工作時間，受經濟週期影響，所以我也沒有考慮這個職位。

■ IBN SMT 的利與弊 ■

在獲聘的工作中，最吸引我的是 IBN 的銷售管理培訓生：第一，SMT 是很多大學生夢寐以求的工作，何況是國

際巨企，着實令人感覺優越。第二，月入 14,000 元，一年有 14 個月薪金，論錢確是不俗。第三，做這份工要到北京受訓三個月，這就像公司出錢請你去旅行，一嚐工作假期的滋味，對於一個大學生來説十分吸引。

然而，這工作令我卻步，原因是最後一場面試。面試官問我：「你知不知道這份工作要做些甚麼？」我將招聘廣告的內容流暢地背了出來，面試官看來一臉滿意，然後問：「那你介意去客戶的公司收票，因而等上大半天嗎？」

這不是辦公室助理的工作嗎？為甚麼要一個 SMT 去做？但礙於面試關係，我的答案一定是「不介意」。

面試官接着問：「你介意做一些複印或文件處理的工作嗎？」

為何要用一個 14,000 元月薪的人去做這些瑣碎事，不是很浪費人力資源嗎？當然我這想法沒有説出口，我的答案仍然是「不介意」。

面試官問完後，就問我有沒有其他問題，於是我提出了兩個疑問：「這個 SMT 計劃是三年期，三年後是否可以升做經理？」面試官説不一定，經理職位有限，要視乎我的表現能否在眾多 SMT 中突圍。若別人表現比我好，自然選別人而不選我。而且，要視乎當時公司的業務發展，如果公司蝕錢，業務正在萎縮，有可能會節流，減少職位，SMT 年期更有可能要延長。然後我再問：「這三年我會去不同部門實習，無論我能否升做經理，可否選擇一些我喜歡的部門作長遠發展？」面試官又説不一定，要看其他部門主管的意願。

面試官所説雖是鐵一般的道理，但我聽後感到很無奈。因為我無法主宰自己的工作前景，而且無論多努力，也不一定有回報。

1.4　八大加入保險業的理由

跟很多人一樣，我從來沒有想過投身保險這行業。我想除了因為父母是行內人外，世上應該不會有很多人在題為「我的志願」的中小學作文中寫上想做保險，更何況早年保險業被視為讀書不成的人才從事的行業[1]，而大學生貴為天之驕子，願意入行的人很少。

我反覆思量，最終決定加入保險業。話説有一次，我約了一位朋友在理工大學文康大樓地下等，朋友遲到，碰巧某保險公司在那裏舉行招聘展，聘請財務策劃顧問（Financial Planner, FP）。我那時對財務策劃完全不了解，好奇之下便看看展板上的資料，然後一位職員上前跟我打招呼。

「先生，你是否找工作？」

「是的，你們會否請 MT（Management Trainee，即管理培訓生）？」

「MT 上星期已經招聘完了，我們現在請 FP。」

當年年少無知，後來我才知道這是他的套路。他再問：「你是否等人？能否幫我做個問卷調查？」我見有時間，便

1　保險業在 2000 年後才提升入行門檻，保險經紀和代理人必須考牌兼要有高中學歷。

1 畢業拜師

替他做問卷，問卷的最後一條問題是「若我們公司舉辦招聘講座，你時間許可下，有興趣參加嗎？」我問他講座關乎甚麼職位，他答：「甚麼職位也有。」反正我要找工作，便留下聯絡資料，數天後就有來電邀請我參加講座。當天，很多講者介紹保險業的前景和工作性質，漸漸地，我對這行業產生興趣。

■ 財策顧問吸引之處 ■

財策顧問工作有很多特質深深吸引我，總括如下：

入行門檻親民

很多工作都要求求職者具相關學歷或專業資格，有些人想入行便要先投資時間和金錢報讀課程。但入保險這行相對容易，在香港只要高中畢業便可申請（當然某些公司或團隊有較高要求），入行後公司會提供培訓，幫助新人考牌。很多大保險公司都有一套獨到的培訓系統，所以就算是一張白紙，只要跟足培訓所學，總會有成功的一天。

安全、零風險

財策顧問的角色有些像特許經銷商，我們可以銷售保險公司的產品，而保險公司又會提供平台和支援，包括多元化的培訓，但毋須像特許加盟店般要自付租金，請人亦不需要成本。公司會有不同的資助計劃幫助新同事，而經營方式更富彈性。可說是有生意人的利潤，但沒有生意人的成本和風險。

另外，除非保險市場已飽和，否則，不論經濟好壞，業界的公司都需要營業部，而負責幫公司賺錢的前線同事只要有生意，沒有違規，一定備受公司器重。

收入、晉升全取決於自己

有很多工作只設固定薪酬，收入與你的短期工作表現沒有太大關係，欠缺激勵性。然而，財策顧問的收入多少，全取決於個人工作表現！只要勤力，百萬、千萬年薪者比比皆是！

另外，只要做到公司的指定要求便可以升職，毋須排資論輩，亦不需理會公司的經營狀況，更不需要與其他同事爭一席位。

工作富挑戰性

每次見客都是一項挑戰，因為要令對方由拒絕你變成接受你，期間可能出狀況。所以要具備臨場應變的能力，可謂鬥智鬥力，工作絕不沉悶。

工作彈性

有別於其他行業由公司分發客戶跟進，無論這些客戶有多難服侍，也要硬着頭皮應付，不可得失。在保險這行業，你可自行選擇客戶，更可自定見客時間和地點。

然而，我不會用「時間自由」來形容財策顧問這份工作，因為懂得自律的人才可享受自由；沒有良好工作習慣的人，經常恃着自由而不上班，最終必會失敗，失去自由。

財策工作的魔力

生意人很喜歡做保險的原因

畢業拜師

1

免費學習理財

雖然加入財務策劃這行業不一定會成功,但最少可學到理財、保險的知識和銷售技巧,就算幫不了別人,也可幫自己,終身受用。

擴闊生活和社交圈子

保險理財產品的種類繁多,由小市民至上市公司老闆都會按其需要購買不同產品。向他們銷售時,不但可拓闊人脈,甚至能跟他們做朋友。這點對我來說特別重要,因為我很喜歡結交不同行業的成功人士,從他們身上學習。而且,經過三年「和尚寺」般的大學生活,久未嚐愛情滋味,我絕對不要在工程界孤寡終老。在保險界,我則有機會擴闊生活和社交圈子,尋找我的另一半。

具社會意義

一旦客戶發生意外,他買的保險不但能助他渡過財務難關,甚至能解決家庭的燃眉之急。試想想,如果所有人都正確地規劃個人財務,每個人工作賺錢之餘,也能穩健地「錢搵錢」,那麼世界便更接近理想的烏托邦。

1.5　一次意外成事業契機

當我還在猶豫究竟要做保險還是做 SMT 期間,我不幸地因意外受傷。由於我媽媽有替我買意外保險,於是便請我家的保險顧問林叔叔 Kanki 出動,為我辦理賠償。多年來,Kanki 與我父母已從保險顧問和客戶的關係,變成很要好的

朋友，每次見面我都稱呼他為林叔叔，可是我跟林叔叔一點也不熟。

豈料林叔叔那天來我家辦理保險索償手續時，我媽媽正聚精會神地打麻將，沒空招呼他，便叫我代勞。由於與他不熟，想不到有甚麼話題，為了打破尷尬的氣氛，我便隨口問他：「你做哪一間保險公司？」

林叔叔說：「你的保單賠了那麼多次，還不知是哪間保險公司？是 AIA 呀！」

「AIA 是否正在聘請財策顧問？值得做嗎？」林叔叔此時兩眼發光：「你為何這樣問？」

於是，我把來龍去脈說了一回。林叔叔聽罷，隨即寫下他辦公室的地址，說：「我現在趕時間，你明天來我的辦公室吧！」說完便離開了。

說實在，當時我只是隨便找個話題，我倆又不是很熟，哪有原因去他的辦公室？更何況我住旺角，他的辦公室在銅鑼灣，當年我覺得由九龍過港島是很遙遠的路程。可是，我只有林叔叔的地址，沒有他的電話，再加上他是長輩，為免得失我媽媽，還是硬着頭皮，心不甘情不願地去了。想不到一談就是三小時，更想不到從中得到很多啟發。

■ 樵夫的啟發 ■

印象最深刻，是林叔叔說的一個故事：有一個年輕人在樹林迷路，天色漸黑，又聽到狼叫和熊叫，大為焦急。之後

1 畢業拜師

他來到一個沒有路標的分岔口，正不知應往哪個方向走時，一位樵夫路過。

年輕人馬上上前問樵夫：「請問這兩條路往哪裏去的？」

「你想去哪裏？」

「我不知道，只想儘快離開這裏。」

「既然你沒有指定的目的地，反正兩條路都能離開，那你隨便選一條便可。」

「那我要多久才可走出樹林？」

年輕人連續問了數次，樵夫也沒有回答，於是他很不滿地往其中一條路舉步離開。走了數步後，樵夫大聲答道：「你大約一個時辰就可以走出樹林。」

年輕人不解，止步回頭問：「剛才你明明不肯答我，為何此刻又答？」

「你不走幾步，我怎知你的步速？我又如何答你需要多少時間？」

故事說完了，我就像故事中的年輕人，站在人生的分岔口，不清楚去向，也不知該走哪條路。而這故事除了告訴我行動的重要性外，更重要是令我思考：我究竟想從工作中得到甚麼。

1.6 選擇職業的四個關鍵條件

林叔叔又與我分享了選擇職業時，要考慮的四個關鍵條件。

■ 關鍵一：你選的行業是否有龐大且有增長的市場？ ■

行業有朝陽，也有夕陽，如果錯選夕陽，那就失去天時，一切也事倍功半。如何釐定一個行業是否具有發展潛力？其中一點就是市場大小和增長幅度。如果市場大但沒有增長，即是發展已幾乎到達盡頭，未來發展不是橫行便是下跌。如果有增長但市場小，業務發展很容易出現飽和。至於市場又小又沒增長的行業，那不幹也罷！所以，選擇一個市場既大又有增長的行業是十分重要的。

還記得 1997 年，時任特首雄心壯志，要將香港打造成中醫港、數碼港等等，很多人因此一窩蜂報讀相關課程。豈料讀完後，政策又改變，結果白白浪費了時間。因此，你選擇工作時，必須思考行業能否持續發展？經濟下滑時會否大受影響？像某些行業，經濟不景氣時便立刻裁員，不想被裁便要慎選行業。

■ 關鍵二：公司是否行內龍頭？ ■

在龍頭公司工作有甚多好處：第一，這會擦亮你的履歷，他日轉工會有極大幫助。第二，盛名之下無虛士，一間公司能成為行內龍頭，必定有一套成熟的系統和制度，給予

想轉對行？
就必須先問
自己這四個
關鍵問題

香港本地保險
市場已飽和？

員工的資源和配套也會較好。更重要的一點是，龍頭公司名氣夠響，很多客戶都認識和有信心，所以你不用多費唇舌介紹，成功推銷產品的機會大大提升。

■ 關鍵三：報酬是否合理？ ■

當年國家推出《內地與香港關於建立更緊密經貿關係的安排》（CEPA）的政策，某些行業的員工要內地、香港兩邊飛，工作量多了很多，人工卻加得不多。

上班族多勞多得，其實是天經地義，你都不敢奢望公司 Overpaid，但絕不想 Underpaid 吧？若然員工的努力能為公司帶來理想業績，你也會想分享當中的經濟成果。保險正是這樣公平的行業，只要用對方法，一定多勞多得；否則工作與收入不成正比，上班亦不會開心。

■ 關鍵四：你有能力做嗎？ ■

很多行業都要求有一定學歷、相關技能和工作經驗，這些資格並非一時三刻便可擁有。保險業可容許不同背景的人加入，之前累積的人脈和社會經驗亦可大派用場，絕不會浪費，就如長江不擇細流，故能浩蕩萬里。從事保險行業，人脈網絡固然重要，但亦只能令你贏在起跑線，始終事業發展乃長途賽，必須以負責任、積極、正面、上進的態度自律努力，才能跑出。

「聽完之後，你覺得保險業具備以上條件嗎？」林叔叔問。

1.7 賺錢五層次

林叔叔的話很有道理，我亦清楚其背後動機是想邀請我入行。的確，除了保險外，似乎沒有一個行業可以完全符合他所說的四個關鍵條件。在我惆悵如何應對他時，他再跟我分享賺錢的五個層次。

■ 第一層：時間 ■

那些如快餐店和超級市場職員、普通文員、保安員的低技術工種，就是用時間賺錢。老闆並非出錢買他們的能力，而是買他們的時間來從事低技術、低體能的工作，而他們容易被取代，所以這層次所賺的錢一般不多。

■ 第二層：勞力 ■

地盤、搬運等工作極需體力勞動，故從事這些工作的人一般多勞多得，賺的錢會較從事第一層工作的多。

■ 第三層：專業、知識 ■

醫生、律師、會計師等專業人士，其入行門檻高，必須有一定學歷和專業資格，而且要經過多年實習和經驗才有一定成就，所以他們不易被取代，收入亦相當可觀。

全世界也是
Sales 嗎？

■ 第四層：膽識、眼光 ■

像基金經理必須擁有經濟、金融、股市等專業知識外，還要有審時度勢的眼光掌握買賣時機；初創企業家則要有市場觸覺，還要有膽識投入資金創業。這些人如能成功，隨時一年賺到幾十年錢，收入遠超很多普通上班族。

■ 第五層：關係、人脈 ■

俗語有云：「識人好過識字。」事實上，不少成功的企業家都因為有廣闊的人際網絡而找到客源，並物色到一班得力的人為他們打拼賣命。

林叔叔問我：「你想做哪一層次的工作？」

「如果我選擇做工程，那就是第三層。但我想做第四或第五層的工作。」

「那你覺得保險屬於哪一個層次？」

「第五層吧，因為要認識很多人。」

「其實，保險是一門跨層次的工作，靠多勞多得和以專業知識賺錢，合乎第二和第三層次。如果有膽識向有錢人推銷，隨時一張大單就賺到別人一輩子的收入，這就是第四層次。而保險必定屬第五層次，因為人脈愈廣便愈多銷售機會。更重要是可建立團隊，下線同事會不停找生意為你創造被動收入，即使你放假或坐在辦公室開會仍會有進賬。」

1.8　以終為始

　　與林叔叔詳談之後，我想做保險的決心大增。而且，我從前以起點作為出發點，去想下一步該如何走，見步行步，今次就改一改，試試倒過來，以終為始，在終點逆向推敲，去決定自己要走的路。

　　當時香港正值回歸，我也算是一名熱血青年，適逢看過一本日本漫畫《英雄本色》，其中一個男主角想從政改變日本，而我又想為社會做點事，在漫畫薰陶下冒起從政的念頭。但再認真想想，從政需要有三個條件：第一是錢；第二是人，因為需要大量人脈去發動投票；第三是懂得演説，像孫中山、馬丁路德‧金等偉大領袖，其演説極具感染力和震撼力。而剛畢業的我，上述三個條件都沒有，怎麼辦？哪份工作能讓我掌握這些條件呢？後來我得出的答案就是從事保險。

　　我作出這個決定後，也試過和朋友談起，想知他們的看法。當中有人支持，也有人反對。支持的朋友覺得我很健談，又有陽光氣息，做保險一定成功，更表示會幫我買單，我聽到後十分開心。反對的朋友就認為保險市場已經接近飽和，發展空間有限，更表明我入行的話，不要找他買單。我聽到這些説話當然會失落，但細心一想，有人贊成，有人反對是非常正常，又何必介懷？

　　事業始終是我自己的，着實不太需要理會別人的想法。人生在世，很多事如出生和死亡已無法控制，唯一可由自己操控的也許是愛情和工作。更何況，我聽了一大堆關於保險

業的資料，這是經過慎重考慮後才作的決定。我的朋友只聽我說「想做保險」一句話便草草下結論，情況就如你問一個數學滿分的人，數學難嗎？他會答不難，但一個數學零分的人則會答非常難。因此，對於朋友的意見，我實在不太在意，但萬萬想不到最難處理的反對勢力，原來是我媽媽。

1.9　化蛹成蝶

對於想加入保險業，我爸爸沒有太大意見，公公也沒有作聲，但想不到我媽媽的反應最大。

有一天，我媽媽看到我穿西裝去見工，便問我見甚麼公司，我說是保險公司，她再問：「是電腦部？」我便說是前線營業部。她隨即臉色一沉，不能置信地說：「營業部？即是保險顧問？」我點點頭，她即時轉身離開沒有說下去，我感覺到她極不高興。或許她覺得保險公司未必會聘用我，所以也沒有阻止我去見工。但後來她發現我愈來愈投入，似乎已下定決心入行，便千方百計向我施壓。

當時我想和大學同學去畢業旅行，但我的荷包和我一樣姓周，叫「周日清」，於是只好問我媽媽借 5,000 元。誰知她竟然說：「如果你做工程師，我可以給你 20,000 元去歐洲，不用還；但如果你做保險，那就 1 元也不借。」

■ 媽媽的顧慮 ■

我完全沒想過我媽媽會用威迫利誘的方法阻撓我加入保險這行業。當時我心想：明明她自己也很接受保險，為全

家人買保險之餘，還推介給許多鄰居朋友，為甚麼卻反對我加入這行呢？最初我怎麼想也想不通，後來才明白她反對的原因。

第一，在很多長輩眼中，工程師是專業人士，兒子做工程師，家人有面子；當時很多人覺得讀書不成的人才會做保險，兒子從事保險會令她丟臉。第二，我媽媽都知道保險業競爭激烈，她擔心我第一份工作便遇到挫折，會影響我對人生的信心。第三，當年保險業還未有發牌制度，監管未完善，同業良莠不齊，她擔心我入行後會學壞。最後一點是，我媽媽雖然認同保險有用，但不贊成我做保險；情況就如很多人信佛教或天主教，也很尊重神職人員，但若然子女跑去當和尚、尼姑、神父或修女，便會大力反對。

由於我媽媽太強勢，我處理不了，惟有找林叔叔求助。林叔叔二話不說便馬上約我媽媽商談。他們見面時我不在場，我也不知談話內容，但我媽媽見完林叔叔後，之前強硬的態度已經軟化，願意讓我試做一年。

■ 連消帶打的勸喻 ■

林叔叔果然很厲害，一出馬便可勸服我媽媽。事後我問林叔叔，他究竟用了甚麼方法，好讓我從中偷師。原來他用了一個比喻便打動了她。

林叔叔說：「周太，Wave 讀了這麼多年書，現在就像一條已結繭的蟲，準備破繭而出投入社會。破繭之後他會是甚麼樣子？沒有人知道！可能是一隻很漂亮的蝴蝶，或依然只

1 畢業拜師

◆ 最終我媽媽亦借了
5,000 元給我去內
地旅行。

是一條蟲。不過，周太你知不知你現在在做甚麼？你正在摧
毀這個繭，弄死這條蟲。

「我知道你很疼愛兒子，也希望他獨立，自食其力。但
你也要信任他，給他學習的機會。雖然你吃鹽多過你兒子吃
米，但他讀書比你多。你愛兒子就要為他着想，但你跟他對
着幹又有何意義呢？倒不如放手讓他闖一闖，試做一段時
間，成功固然皆大歡喜，失敗也可讓他心息。你們可約法三
章，如果他在保險業發展順利便繼續做下去，否則就乖乖做
電子工程師。

「不過，周太你說得對，這行確實是品流複雜，若然跟錯
師傅便會毀了前途。所以，如果你讓兒子做保險，放心把他
交給我，我會好好照顧他，帶着他成長。我們的公司是最好
的，我們的團隊亦拿了很多第一名。我不保證你兒子一定成

功，但最少一定會走正路。」

林叔叔的一席話，實在讓我佩服得五體投地。一招連消帶打讓我媽媽批准我做保險，條件是我必須加入林叔叔的團隊，不可跟其他人。如是者，林叔叔便成為了我的保險師傅，在此實在要多謝我媽媽，若不是她，我也未必能找到如此好的師傅，亦不會有今天的發展。

1.10　代理人合約的好處

終於到公司簽約，事前林叔叔將合約傳給我，讓我慢慢細閱。但合約全是英文，且滿是艱深不明的法律用詞，我實在沒心機看完，便抱着一個「信」字去簽約。不過，盡責的林叔叔在我動筆簽約前不忘提醒我，那番話，至今仍深印腦海。

林叔叔説：「這份是代理人合約，並非僱傭合約，簡單説就是一份自僱人士的合約。」

我心想：甚麼？原來我是自僱，對於一個大學畢業生來説，實在太沒安全感。

林叔叔再説：「你創業，有沒有人免費給你辦公室？有沒有人培訓你？」

「當然沒有。」

「如果你打工，簽的是僱傭合約，會否收入無上限？」

「當然不會。」

1 畢業拜師

「所以，代理人合約是非常好的，它既有受僱形式的優點，包括有公司提供支援、配套和平台，亦有創業般收入無上限的吸引力。但有權利必有義務，你必須遵守公司和團隊的規則和指引，不能自把自為。」

■ 打開寶山的鎖匙 ■

我突然覺得代理人合約是世上最好的合約，我欣然地簽名；拿着合約時，林叔叔又問：「你知不知道你手上拿着的是甚麼？」

「你剛才不是說是代理人合約嗎？」

「沒錯，它是代理人合約，但它不單是一份合約，更是一條鎖匙，是打開十幾億人的財務策劃、財富管理這個大金庫的鎖匙。很遺憾有些人拿着這條鎖匙進去，卻空手而回，但有些人則靠它找到金山、銀山，畫出彩虹，實現理想，創造傳奇。在此，我也祝福你能早日實現你的理想。」

聽完這番話，我心中沉寂已久的熱血突然湧上心頭，覺得前途充滿希望，誓要進入這座寶山中，找到心中的理想。亦可能是受這番話影響，多年後我晉升為總監後，便把團隊命名為 UTOPIA（理想區）。

學習筆記

1. 不清楚自己要甚麼時，便可用排除法刪去自己不想要的

2. 最大的危險是沒有行動 —— 甘迺迪總統

3. 利用八大加入保險業的理由做招募

　一、入行門檻親民

　二、安全、零風險

　三、收入、晉升全取決於自己

　四、工作富挑戰性

　五、工作彈性

　六、免費學習理財

　七、擴闊生活和社交圈子

　八、具社會意義

4. 樵夫的啟發 —— 迷茫時，回想自己當初為何開始？想要甚麼？

5. 選擇職業的四個關鍵條件

　一、你選的行業是否有龐大且有增長的市場？

　二、公司是否行內龍頭？

　三、報酬是否合理？

　四、你有能力做嗎？

6. 運用賺錢五層次做招募

一、時間

二、勞力

三、專業、知識

四、膽識、眼光

五、關係、人脈

7. 活用《與成功有約：高效能人士的七個習慣》之一的
「以終為始」來計劃一切

鳳凰傳奇神功

2

2 鳳凰傳奇神功

2.1　第一天上班

時間過得很快，轉眼間便到期待已久、正式上班的日子。猶記得合約上訂明我的上班日子是 1997 年 8 月 1 日，但已成為我老闆的林叔叔要我提早一天上班，因為那是團隊 7 月的截數大會，他想我來感受一下氣氛。

當日，老闆逐一介紹師兄師姐給我認識。他介紹第一位時說：「這位師姐已做了五年。」我當時覺得很不可思議，哪有可能一份工做五年那麼長？換轉是我也許已轉工。但原來她的年資不是最長，因為還有很多做了 10 年、15 年的師兄師姐，令我嘖嘖稱奇。我記得有人跟我說過，保險顧問一般都是做親戚朋友的生意，就算有很多親戚朋友，一年半載後，可用的人脈已盡，這些師兄師姐憑甚麼「可持續發展」呢？當中必有原因。

■ 長年資的秘訣 ■

我問一位年資 15 年的師姐如何從事這行業那麼久？會否有甚麼秘訣？原來，她的方法是在第一年儘快累積 50 個客戶，並做好服務，例如客戶找你，便馬上回覆，不會突然失蹤；客戶有問題時，便快而準地解答；當他們患病入院或有其他需要時，馬上出現等等。這樣，當他們身邊有朋友需要買保險或其他理財產品時，便會介紹給你。如果每個客戶都介紹一位朋友給你，第二年便有 100 個客戶，第三年有 200 個客戶，第四年有 400 個客戶，如此類推。當中最重要的關鍵就是你專業、

盡責，服務做到有口皆碑，到時客戶便可長做長有！

師姐的話確實很有道理，其後截數大會正式開始，每個人都逐一上台分享，我最深刻的是有一位其貌不揚的分區經理在台上很緊張地拿着咪高峰説：「就是……就是……就是……就是……」説了大半天「就是」，也説不出「就是」甚麼。我心中隨即泛起一個想法：「我比他年輕，口才也比他好，他這樣子也可以做到分區經理，我應該可以成為區域總監！」經過了截數大會後，我的信心也增加不少。

■ 做徒弟還是學生？ ■

第二天，在我正式接受培訓前，老闆問我：「你想做徒弟還是學生？」

我感奇怪，反問：「這有分別嗎？難道徒弟學的東西較多？學生學的較少？」

「正是，那你想做徒弟還是學生？」

「當然是徒弟！」

老闆滿意地點點頭，然後要我到雪櫃拿布丁，並讓我把鹽放進布丁裏，我隨即好奇地問：「為甚麼加鹽？不是應該加糖或淡奶嗎？」

「可以了，你還是做學生吧！」

此時我更糊塗，「我是否做錯或説錯了甚麼？你告訴我吧！」

「你沒有做錯，你剛才說徒弟學的東西較多，其實關鍵不在於老師的教導方式，而是想學習的人抱持甚麼態度。一個事事都質疑的人，學習進度必會較慢，教導的人亦會因為你的質疑而意興闌珊。所以，如果想做徒弟，學多點東西，便要抱最單純（Simple Mind）的態度，不要問，只管幹，到將來有天掌握到重點，才問為甚麼（Why）。對你來說，現在要問的應該是如何進行（How），懂 How 的人對要學的會較快上手，尤其是那些轉換了工作環境、需要重新適應的人。在這個急速變遷的時代裏，只會汰弱留強，恐龍便是未能適應環境轉變而被淘汰。」

我聽到這番教誨，頓時明白應有的學習態度，於是說：「明白了，老闆，求求你讓我做你的徒弟吧！」老闆笑道：「孺子可教，那我便傳授給你我們鳳凰家族的傳奇神功吧！」

2.2　財務策劃流程

很多人剛從事財務策劃行業都很心急學產品知識，否則便不知向客戶推銷甚麼。其實，這想法大錯特錯。

老闆教我的第一招「武功」，絕非關乎產品，而是整個銷售流程，包括如何一步步與客戶建立關係，再慢慢將理財知識和概念滲入他們的意識中，讓他們認同你的理念，最後順利簽單。「財務策劃七部曲」和「簽單八步」都是銷售的基本功，多年來我便藉此幫助不少客戶，打穩根基才會有今天的發展。

我很記得老闆說過一句話：「要做個成功的財策顧問，必須令客戶毫無保留地披露他的財務狀況，這樣才可為他們

度身訂造合適的理財計劃。情況就像醫生為病人診症，首要令病人信任他，繼而告之其身體狀況，他才可對症下藥。」

然而，對某些人來說，個人財務是私隱，也許連枕邊人都未必清楚。那麼，如何令客戶毫無保留地説出其財政狀況呢？關鍵就是要獲取客戶信任。所以，財策顧問第一步的工作，就是與客戶建立互信關係。

以下就是財務策劃七部曲：

1. 建立互信關係

2. 為客戶釐定理財目標

3. 分析財務狀況及需要

4. 制訂理財計劃

5. 協商計劃內容

6. 執行計劃

7. 定期檢視

「老闆，當去到第六部，客戶已接受我們的理財建議，不是已經功成身退嗎？為何還要幫他們定期檢視計劃？」

「財策顧問與客戶建立的長久關係很講求互動，客戶會有很多難以預料的轉變，例如突然想改變個人的理財目標，或是經濟環境突變令財政狀況有所改變，所以制定的理財計劃要時刻檢討及修正，才能滿足他們的需要，達到其人生目標，這亦是科技很難取代財策顧問的原因。」

「我明白了，我們這一行是長做長有的行業。」

2.3 簽單八步

聽完「財務策劃七部曲」，我未感實在；當客戶在我面前時，到底應如何與他建立關係？如何能「套到」他的財務資料？如何能將不相干的日常話題拉到保險上，讓我有推銷產品的機會？當時老闆看到我一臉迷惘，隨即說：「不要心急，我還有「簽單八步」未說呢，這是關於見客的實際操作。」

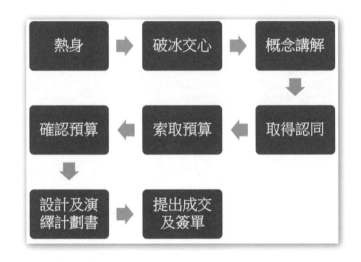

「甚麼？有八個步驟這麼多？」

「是，這些步驟一個都不能少。很多財策顧問約到客戶見面，就很心急介紹理財產品，結果大部分失敗而回。其實，銷售產品要按部就班，不能心急，否則便會減低成功簽單的機會。」

■ 第一步：熱身 ■

見客戶時，無論你與對方多熟絡，都要熱身，寒暄幾句，話題離不開生活瑣事，例如：「近來工作如何？」、「有沒有去旅行？」、「最近忙些甚麼？」……

「這不是浪費時間嗎？何不單刀直入？」我不解地問。

「這是一個很重要的步驟，千萬別小看；如果你一坐下便介紹產品，客戶大多沒有心機聽下去，碰壁的機會自然高，就像一個運動員，無論他的天賦有多好，在比賽或練習前都一定要熱身，否則便很易受傷。」

■ 第二步：破冰交心 ■

熱身過後，就要跟客戶破冰交心（Ice-breaking），令他們打開心扉，知無不言，言無不盡，而且信任你所代表的公司，更重要是信任你。你必須在閒談時，了解其背景（Fact and Feeling Finding）。

■ 「簽單八步」

做財務策劃的第一部是與客戶建立互信關係，要主動了解客戶，不然，客戶又怎會信任你？而你了解客戶愈多，所做的計劃便愈貼近他們的需要，簽單成功機率便愈高。有一位前輩說過，客戶消費不是因為他們了解產品，而是他們覺得充分被了解。

「每個人都有很多人生閱歷，要了解他們的過去，說三

天三夜也説不完,做一宗生意豈非花很多時間?」我瞪大眼睛問。

「這方面確實最花時間,但如果你懂得套取有用的資料,便可以省回不少時間。」老闆説。

「那麼,應該搜集客戶哪些資料呢?」

「要取得以下四類資料,有齊這些資料才可展開銷售流程。」

1. 個人和家庭背景

這包括客戶的年齡、興趣、婚姻狀況、需否供養父母和子女、有多少兄弟姊妹等,都會影響個人的理財需要。例如,客戶 50 歲,單身又沒有談戀愛,將來亦不打算結婚,所以他較重視退休生活。若然客戶 30 歲,有個感情穩定的女友,那麼他可能想結婚或組織家庭。如果客戶是獨生子女,需要供養已退休的父母,那他有很大的財政負擔,因此較重視人壽保障。另外,要知客戶的興趣,如果他喜歡賽車、深潛等危險活動,意味他遇到意外的風險較高,做財務策劃時要考慮這點。

2. 財政狀況

這包括:客戶從事甚麼職業?職業的性質是否危險?現時收入多少?有多少支出?資產和負債如何?有沒有物業?如果有物業,是否自住?貸款是否已經還清?等等。

3. 理財狀況

「這與財政狀況有甚麼分別?」

相信很多人都有此疑問;老闆解釋,這裏所指的是客戶投資和理財情況,以及其風險偏好,與上述的財務狀況並不相同。例如,要知道他有否買公司或私人保險;有否投資股票、基金、債券、定期存款等。有買股票的話,喜歡買哪類股票?仙股、公用股、科技股?從他手持的股票可見其投資屬於進取還是保守。此外,還要知其銀行活期存款有多少,這點可以推算他手上有多少流動資金,有助制訂理財計劃。

還有一點很重要,是要知道客戶的父母、配偶或密友會否替他理財。例如,很多人婚後會將一半薪金交給另一半打理。有些初出茅廬的年輕人,則會給父母很多家用,讓他們為自己儲起部分。對於這類客戶,你向他們介紹理財計劃,他們必會跟你說回家問一問阿爸、阿媽或老婆。所以,如果能事先知道他們的理財方法,便能及早準備應對,以免在簽單一刻被殺個措手不及。

4. 理財目標

每個人都有人生目標,一般離不開結婚、產子、進修、置業、退休、投資賺錢、積財致富等。然而,身為財策顧問,除要了解客戶的人生目標外,更重要是掌握他們追求目標的動機。舉例說,一個人買樓既可以自住,亦可以用來收租衍生現金流,或是作投資博取物業升值。如果客戶表示想買樓收租,及早部署退休有被動收入,便可向他介紹年金產品。

此外，還要知道他們重視每個目標的程度、優次，以及背後原因。因為人的心力和資源有限，加上世事難料，他們大都沒可能實現所有人生目標。再者，他們一般較短視，大多着緊一些短期目標，所以如向他們介紹長年期的產品，他們的興趣或許不大，亦即是說，所推介的理財產品必須跟他們某時某刻想追求的目標對號入座，這樣簽單便會更暢順，無往而不利。

我聽到這裏，真想不到要搜集的資料有這麼多。老實說，我們平時與朋友詳談，也未必會談及如此私密的話題。

「確實，做保險令你更加了解身邊的親人和朋友。從前，我有很多不熟的朋友，在我做保險後，就變成了知己，會傾訴一些連另一半也未必知道的心底話。」老闆笑說。

■ 推銷自己和公司

老闆此時很慎重地說：「你要謹記，現時保險業有很多從業員，還有很多相近的保險產品，客戶跟你買只有兩個原因，就是信任你能替他們處理好理財和保險事宜，並以他們的利益為先，以及欣賞你的善心、成就、性格，例如你為人健談、孝順、有交帶。」

「我剛入行沒有人脈又缺乏經驗，如何與前輩競爭呢？」

「你可在客戶面前強調你有熱誠，會盡心盡力幫助他們。到你有一定年資後，才彰顯在這行的經驗、成就，以專業打動他們。很多新人就是未能推銷自己，以致提出的意見和方案即使多麼專業靠譜，也得不到客戶信任。」

老闆強調，在推銷自己和公司時，謹記要令客戶真心覺得你公司前景很好，你的服務亦很貼心。過程中，切忌貶低別家公司和對手來抬高自己，因為這樣做未必可以成功破壞對手在客戶心目中的印象，卻會先貶低自己，並影響行業和公司聲譽。

老闆又特別提醒我，破冰交心這步切忌不停問客戶資料像做問卷調查，而忘了隨氣氛跟他們閒談。了解他們、推銷自己和公司在過程中互相穿插，藉此拉近彼此的距離。

■ 第三步：概念講解 ■

「了解客戶之後，下一步是否可以設計計劃書？」我問。

「別心急，雖然你與客戶關係已大大提升，但大多數人對保險概念模糊，甚至有錯誤觀念，你此時介紹理財計劃，任計劃如何吸引，如何天下無敵，他們一概也聽不入耳。」

「那下一步該做甚麼？」

「就是要灌輸客戶必須知道的理財概念，就像給他們上一課理財課，好讓他們更易明白為甚麼要買（Why to Buy）你的產品。」

「教書？豈非把客戶悶暈？」

「可以用一些有趣的演繹方法，例如阿婆賣蛋、帆船等等，簡單顯淺易明，很多客戶一聽就接受。」

「那快教我吧！」

「日後還有很多機會，現在我想先解釋概念銷售的重要性，而針對不同人，便要有不同的銷售概念和演繹方法。」

■ 概念銷售三句經

理財概念千篇一律，但演繹方式可有不同，要跟客戶的需要對號入座，否則只會對牛彈琴。老闆教了我這三句經：「有夢圓夢，無夢造夢，無大志者製造危機感。」

有夢圓夢

老闆表示，客戶大致分三類：第一類很清楚自己要甚麼，卻不得其法，所以可稱他們為 Ready Buyer。這類客戶最易應付，你只須證明所建議的方案能幫助他們「有夢圓夢」，生意便十拿九穩，奈何這類客戶在社會佔極少數。

無夢造夢

大部分客戶都屬於沒夢想的人。那在甚麼情況下令他們造夢？甚麼情況下為他們製造危機感？這視乎他們生性樂觀還是悲觀。若你發現客戶為人樂觀，你該營造一個美好將來，令他造夢；而老闆就為我即場示範；他的客戶是個正在進修、卻對未來沒有計劃的會計文員，於是他這樣說：

「你很上進，不會亂花錢吃喝玩樂，只會花在學業上，亦即會把錢投資在自己身上，希望藉考獲專業資格，成為正式會計師，以提升收入和地位。老實說，我認識的會計朋友當中，有很多都像你一樣，先考獲會計師牌，最後擁有自己的

會計師樓，做老闆。別以為這是很遙遠的事，以你的積極態度和工作經驗，可能十年八載已可以做到，但要創業有一樣東西不可缺少，你知不知道是甚麼？就是錢！成立一間公司的資本和將來的營運資金都不可缺，那你現在有沒有為此做準備？」當能觸動對方儲錢的需要後，便是時機提出建議，而得到生意的機會便不遠矣。

無大志者製造危機感

若然客戶無夢想且不敢有夢想，嘴邊常掛着「我不行的」、「我哪有能力？」、「我現在穩穩定定便可以，其他都不敢想」等等，你便應該按其處境打造危機感。老闆再示範，若面對的是個沒有進修打算、財務上亦沒有計劃的會計文員，他會這樣說：

「你不要只顧吃喝玩樂，應該儲一些錢。先不說開會計師樓，你這行其實很大競爭，有很多讀完文憑、證書課程的人都可以入行，而你的學歷又不足以讓你升職，再過幾年，萬一公司裁員，首先要裁的就是你這種人工較高又較易被新人取代的職位。如果你又沒有儲蓄，那怎麼辦？」

「聽說你和女友已交往好一段日子，正籌備結婚，她必定想有個難忘的婚禮，所以一定有要求，可能想穿漂亮的婚紗、在酒店設宴、去馬爾代夫渡蜜月，如果你沒有錢，那怎麼辦？事實是，莫說婚宴，婚後生活開支一闊三大，萬一你被裁員，你能給她幸福嗎？所以，你應該馬上為自己的未來打算。」這段說話正是要他認同儲錢重要，鋪排跟他講述理財概念。

■ **第四步：取得認同** ■

老闆表示，在講解概念時，客戶可能會「遊魂」，沒完全接收你的信息。所以，你要確定他們完全認同你的觀點，如果只認同部分，便需要解決其疑問，甚至要重申觀點，務求令他們完全認同。不然，即使你強行下一步，都未必簽到單。情況就如鞋裏有沙石，你不理，走一段路後，只會弄傷腳掌。

■ **第五步：索取預算** ■

當客戶認同你的理財概念，便要問其支出預算。

此時我有一個疑問：「我們在之前 Fact Finding 中，不是已知道客戶有多少收入嗎？直接問他們預算，金額有機會很低，用他們的收入來估計預算不是更好嗎？」

「你說得對，若直接問他們有多少預算，得到的答案未必足夠購買全面保障，亦無法幫助他們達成儲蓄目標，到頭來只會讓他們覺得你介紹的產品沒有用，有損你的專業。」

「那該怎麼辦？」

此時，老闆再即場示範套取預算的小技巧。

「你知不知道如何制訂理財預算？預算按個人需要而定，正如一個月入 1 萬元的人和一個月入 100 萬元的人，所買的保額都不一樣。而根據專家統計，像你剛畢業、未成家的年輕人，唯一的負擔就是上班的日常開支、給父母家

用，以及還學債，所以一般會用收入的 10% 至 15% 做理財計劃。而以你月入約 2 萬元為例，每月的預算就是 2,000 至 3,000 元。對你來說，哪個數目會較為方便？」

老闆示範完後，馬上解釋其箇中奧妙：「首先，上述說話帶出預算是可以改變的；其次，用了『專家統計』這類字眼來增強說服力；再者，給客戶一個預算範圍，讓他從中選擇。此時客戶的答案離不開三個，是哪三個？」

「接受預算，預算太高，或預算太少。」

「沒錯，如果客戶表示預算範圍可接受，那你便完成任務，可以進入下一步。若客戶認為預算太低，可以定高一點，你又如何做？」

「當然馬上答應啦，立即出計劃書。」

「謹記別太興奮，這會影響你的專業，應該裝作若無其事地說：『可以，馬上為你計劃。』」

「不過，應該最多客戶覺得預算太多，負擔不起吧！」

「全中。此時，你便要反問：『你心目中的預算是多少？』」

「如果我為他做的預算是 1,000 元，但他只說 500 元，與我原先所想的有一大段距離，如何應付？」

「你便要說：『有是有的，但又要馬兒好，又要馬兒不吃草是很困難的，有沒有辦法增加預算？』記着說時要帶點苦惱。」

「如果客戶堅持只有 500 元呢？」

「去到這一步也沒有辦法，但你可以提議先做一份 500 元預算的計劃書，但同時再做一份 1,000 元預算給他比較，讓他再從中選一份。在有選擇之下，一般客戶都會接受 1,000 元那份的。」

■ 第六步：確認預算 ■

在正式做計劃書前，我們必須再確認客戶的預算，因為他們很多時口不對心，上次說預算沒問題，但當你費盡心思做完計劃後，他們又改預算，以致白費工夫。為免你浪費時間，所以確認預算是必須的。

老闆問：「你會如何跟客戶確認預算？」

「直接問他們這金額是否 OK？」

「這只是其中一步，確認預算有五個步驟。」

老闆即場示範，以客戶預算只有 2,000 元為例，問了五個問題。

1. 2,000 元，你是否真的 OK？

2. 這個是現時的預算，並非未來的，真的 OK 嗎？

3. 2,000 元不會是你的所有財產吧？

4. 兩三年內你不需要取回供款吧？

5. 以你的年紀，工作多年，2,000 元這小數目應該不需要問阿爸、阿媽、女朋友或老婆意見吧？

「確認也要問這麼多問題？」

「一個問題也不能少，因為很多客戶投保時，沒想過供款會否造成很大的經濟負擔，而在保單發出後，往往會感到供款吃力而終止投保。有時，他們的預算可能於幾年後才支付，所以要跟他們確認是現在支付，並非數年後才支付。有些人甚至在供款不久便要提錢，但你也知道，投保初期的現金價值十分低，太早退保的話，便會失去大部分供款，客戶到頭來只會怪你沒有提醒他們，兼且認為你不專業。第 1 至 4 個問題便是針對上述客戶。

「還有一些人在簽單一刻說要問家人意見，所以便要問第 5 個問題，提問時的語氣要帶點囂張，予對方有『不問家人是理所當然』的感覺。相反，如果你語氣誠懇，他們反而會認真地考慮詢問家人，你也不想有這情況出現吧！」

「想不到做保險還要有戲。」我大笑了。

「還有，問上述問題時，謹記要順序問，因為開首的答案會較簡單，繼後的會較複雜，而且全部也是用是否式或引導式來問，客戶的答案一般也在意料之內。預算確認後，便可進行下一步。」

「做保險真的不簡單。」

「所以保險佣金高，也不是沒有道理。」

後來，我發現第六步確實很重要，在往後的日子裏，我有時因為心急跳過這一步，結果令整宗交易告吹，亦令我陷入事業低潮，所以真的不要忽略每一個細節。

■ 第七步：設計及演繹計劃書 ■

俗語有說「打鐵趁熱」，當客戶接受你的理財建議後，最好馬上為他們進行財務分析。除滿足監管當局要求外，這可讓他們了解自己所需的保額。所以，老闆要我們見客時帶備電腦，可以即場設計及演繹計劃書。

■ 客戶資料紀錄表的重要性

此時我又有疑問：「老闆，即場用電腦做計劃書最少要 10 至 15 分鐘，期間客戶閒着沒事幹，有機會想『我是否真的需要買這份保險？』，買單的衝動有機會冷卻下來。」

「你的顧慮是對的，所以，這時候最好給客戶填資料紀錄表，一來他們沒空胡思亂想，二來你又可取得他們準確的資料，有助核對申請表，以及得知他們的健康狀況是否適合投保。」

老闆指出，有時客戶很想買保險，可惜到填申請表一刻，始發現自己的健康狀況不符合投保資格，大失所望，更會質疑我們的專業判斷。所以，做計劃書前，應先填寫客戶資料表格，一旦發現他們健康狀況有機會不獲批，便要建議其他不需健康核保的理財計劃。

客戶資料紀錄表的另一個重要性，是要填寫受益人的資料；很多時保險公司只索取其身份證號碼，卻未有其他聯絡資料，到索償時，便很難聯絡對方。而且，你要知道這些聯絡資料也是很好的轉介資料。

100% 簽單
神技 Why
this budget?

當客戶填完表，你的計劃書已完成，便可向他解說箇中內容。不過，老闆特別提醒我，必須指出所有不保事項和保單的生效期，一來減少他日發生爭議事件；二來向客戶展示專業，對方會更信任你。

■ 第八步：提出成交及簽單 ■

當解說完計劃書後，便是你最期待的一刻 —— 簽單。很多財策顧問因為不好意思叫客戶付款，便轉而沉默，令氣氛十分尷尬。事實上，你必須主動提出成交，難道要客戶反過來求你讓他簽單？而要順利簽單，都有不少要注意的地方，稍後再談。

上述八步是一個完整的銷售流程，老闆一再提醒必須按部就班，順序完成，缺一不可，途中遇到困難要先解決，或是返回上一步打好根基，絕不可偷步跳到下一步。當我能熟練地做到這八步時，相信已經可以獨當一面了。

2.4　與陌生客戶打開話題秘訣

老闆在整個銷售流程中多次強調要與客戶建立互信關係。有些客戶是我很相熟的朋友，很易打開話題，但始終會碰到一些素未謀面的生客，那我如何拉近與他們的距離？

我就此請教老闆，他說首先要調整心態，視客戶為朋友，而不是提款機。在他眼中，所有人都是朋友，只要以誠相待，客戶是感覺得到的，只是有些朋友會幫他買單，有些

不會。第二，就是要懂得問問題。老闆再即場示範：

「你是否喜歡運動？」

「是。」

「打羽毛球？」

「不是。」

「那是否足球？」

「不是。」

「籃球？」

「是。」

然後，老闆問我：「你聽完以上對話，有甚麼感覺？」

「像審犯。」

「正是，這段對話中只有一種問問題的方式，就是『是否式』。」

■「開放式」問題打開客戶心扉 ■

問問題的方式有多種，常見的有四種：第一種是開放式（Open Ended），例如「你喜歡喝甚麼？」答案由對方自由發揮。第二種是封閉式（Close Ended），即是選擇題，「你喜歡喝咖啡還是茶？」第三種為是否式，「你是否喝咖啡？」答案只有「是」或「否」。第四種是引導式，「你喝咖啡吧！？」這種方式有點兒像命令，予對方的選擇性更少。

這四種問題的用法不同，開放式問題較適用於剛認識的朋友，以打開話題，對方亦可任意表達自己，讓你更了解其背景和三觀，即人生觀、世界觀和價值觀，有助了解其需要。另一方面，當對方滔滔不絕時，反映他打開心扉接納你，大家的距離便會拉近。至於封閉式和是否式問題的好處是預知答案，我們可以準備接着的對話內容，容易控制整個對話流程。引導式問題，顧名思義就是引導客戶到某個觀點，如果他沒有太強烈的主意，或是頭腦不太清醒，很大機會就會跟隨你的方向。

■ 成交多用「是否式」和「引導式」問題 ■

一般而言，開放式問題予對方壓力較小；封閉式、是否式和引導式問題予對方壓力較大，有助控制場面。所以，見客時，最好先用開放式問題開場，當進入傾單、成交的關鍵時刻，就要多用封閉式、是否式和引導式問題，如此就可以提高簽單的成功率。

其後，我發現這四種問題不單可以用於金融、保險業，於其他行業也可大派用場。我現在經常跟同事說，世上沒有無敵的產品，只有無敵的推銷員。產品、價錢只是客戶考慮的其中一些因素，絕不代表一切。如果產品不夠人好，就會輸了整單生意，那推銷員的價值何在？

2.5 四大消費動機

與客戶建立關係固然重要,但我又有另一疑問:「任你與客戶有多熟絡,如果他們表示毋須買保險,甚至乎已買保險而毋須多買一份,那是否意味不用再花時間在他們身上?」

老闆反問:「你有沒有試過擁有一對沒穿沒爛的運動鞋,但走進運動店時看見另一對漂亮的,或見運動鞋正大減價,忍不住多買一對回家?」

「經常發生,我已有好幾對運動鞋。」

「對吧,你根本沒需要買新的,再買只出於其他想法。其實,做任何銷售都一樣,一定要掌握客戶的消費心態,才能成功做生意。」

原來人的消費心態離不開「需要」、「想要」、「優惠」和「支持」;有些出於理性,有些出於感性。基於「優惠」購物的人,計過實際得益才花費,故絕對是理性的。「支持」則出於感性,例如在街上幫個小朋友買旗,就是要支持他或是賣旗的機構和背後的受惠人士。據調查,如果由老弱婦孺賣旗,籌得的善款往往較成年男士多。至於因實際「需要」消費,例如鞋破爛了便要買新的,屬於理性行為,但在選擇買甚麼鞋時,卻是基於感性的想法。

■ 挑起客戶「想要」的慾望 ■

「想要」是渴求、希望得到某產品或某產品帶來的滿足感，但得不到的話其實對個人生活沒有影響，所以「想要」是感性行為。以喝咖啡為例，在便利店或茶餐廳買一杯十數元的咖啡已可滿足基本需要，為甚麼那麼多人要去 Starbucks 或 Pacific Coffee，花兩倍或三倍的價錢去買一杯咖啡，除了它們的咖啡豆較優質外，更因為買的是一種生活品味和身份象徵。

又例如女士買手袋、男士買名錶，如果出於「需要」的話，街上有很多數百元的款式可供選擇，但很多人仍願意花錢買 Hermès、LV、Gucci 等名牌手袋，或是 Rolex、Panerai 等名錶，就是「想要」一種身份、社會地位和生活品味。

100% 簽單神
技 四大動機

2 鳳凰傳奇神功

■ 感性行銷助促銷 ■

很多商品都以感性方式行銷，如用上俊男美女賣廣告、以時尚生活等作招徠，尤其是高檔次的奢侈品，以激起有錢人「想要」的衝動。近年，香港推出很多納米樓，都以豪裝和時尚會所成功吸引想過中產生活的年輕人搶購。老闆重申，作為前線銷售員，應認清顧客買產品的動機，再結合感性或理性的表達方式行銷，便會事半功倍。

應用在財務策劃上，如替一位節儉的客戶作退休策劃，當你很理性用「需要」的角度去分析他基本退休所需，你會發現他每月幾千元已夠過活。兼且他已有足夠積蓄，這時任你的產品回報再好，他也未必覺得有需要購買。但如果你用「想要」角度入手，強調他的前半生已不斷為父母、配偶、子女和工作而盡責任，若下半生還躲在家中節衣縮食，那做人有甚麼意思呢？其實退休才是人生的蜜月期，不單要活，還要活得豐富精彩，好好享受一番，才不枉此生！如此便可將客戶的「需要」轉化為「想要」，從而願意投放資金在退休儲備上。

·學習筆記·

1. Simple Mind 做徒弟

2. 財務策劃七部曲：

　　一、建立互信關係

　　二、為客戶釐定理財目標

　　三、分析財務狀況及需要

　　四、制訂理財計劃

　　五、協商計劃內容

　　六、執行計劃

　　七、定期檢視

3.「簽單八步」

　　一、熱身

　　二、破冰交心

　　三、概念講解

　　四、取得認同

　　五、索取預算

　　六、確認預算

　　七、設計及演繹計劃書

　　八、提出成交及簽單

銷魂 2.0 —— 保險銷售的九陽神功

4. 見客時多運用四種問題方式

　　一、開放式

　　二、封閉式

　　三、是否式

　　四、引導式

5. 運用四大消費動機「需要」、「想要」、「優惠」和「支持」來令客戶成交

3

初出茅廬

3 初出茅廬

3.1 客戶數量較質量重要

學完鳳凰傳奇神功，內心有團火，想馬上見客，一嚐簽單的滋味。老闆見我有熱誠，便鼓勵我：「加油！公司設有很多長途賽和短途賽，獎項有大有小，包括海外旅遊獎賞，你只要在全部賽事跑出，你便是長青的 MDRT 了。而你先要爭取的，便是新人獎（1st Challenge）這榮譽！」

要奪新人獎，便要有一定的簽單數量或營業額。我當時心想：當然主攻營業額，因為與收入掛鈎，有時簽到大單，便可以做少些。

但老闆不是這樣想，他說：「你畢業出來社會做事，最重要賺取甚麼？」

「應該是經驗。」

◆ 1997 年奪得新人獎留影（右一的是老闆 Mr. Kanki Lam）。

「沒錯，錢賺了可以花光，但經驗永遠屬於你，所以作為新人應該以簽單數量為目標，簽單多代表你見客多，能充分展現你『簽單八步』的功力。再者，你現在的生活圈子仍是同學為主，他們同樣剛投身社會工作，人工不太高，所以你不易簽到大單，故以營業額作為目標會很辛苦。」

話畢，老闆拍拍我的肩膊，認真地續說：「簽單成功固然開心，因為有佣金，但簽不成也不用太介壞，因為你可以賺到經驗，所以你盡情見客，以客戶數作為目標吧！」

■ KASH Formula ■

後來，我才知道老闆苦口婆心在我見客前說這番話，是想我養成良好的工作習慣。而在成功路上，有一條叫 KASH Formula，K 代表知識（Knowledge），A 代表態度（Attitude）、S 代表技術（Skill）、H 代表習慣（Habit）。對一個新人來說，態度和習慣較重要，因為有別知識和技術可以隨着經驗逐步積累和提升，它們是要慢慢培養。俗語有云：「學壞三日，學好三年。」如果一開始養成好逸惡勞的習慣，要改變就很困難。而養成良好的工作習慣，則要從上班、約客、見客、簽單和要求轉介做起。

3 初出茅廬

3.2 第一個客戶

終於學成下山，抱着興奮的心情約見客戶，但就遇着很多新人都會碰到的難題：究竟客戶從何來？

我在入行前問過朋友，有些朋友表示支持，於是我先約見他們，第一位便是我遠足時認識的朋友阿鳳，她是一位女警，我約她，她二話不説便答應了，並告知我她多年前買了保險，想我看看有沒有需要加保。我當時心想：這單生意應該十拿九穩，於是滿懷信心去見她，並將老闆傳授的「簽單八步」使出來。然而，我第一次「見客」既緊張又表現生硬，到使出第八步要求交易，阿鳳回看我，我們沉默對望了一會，她先開口：「你這計劃不錯，但我有買別家保險公司的單，那財策顧問也約了我出來，不如我見完那財策顧問後再作決定。但放心，我只是想了解一下，我應該會幫你買的。」

■ 首次出師 VS MDRT 對手 ■

阿鳳雖如此説，但我仍很不安，卻沒有辦法，怎樣也要讓別人有考慮的空間。第二天回到公司，我的師兄師姐都關心我首次出師能否報捷，我便把昨日的情形娓娓道來，其中一位師姐説：「你的對手是別家公司的 MDRT，你怎會是他的對手，你必須搶在她見那 MDRT 前再約她見面。」

「這麼急又見面，不太好吧？過一兩天再找她會否好一點？」

「不能遲了，過兩天你的生意便沒了。」

被師姐嚇一嚇，我只好硬着頭皮再約阿鳳，未知是否女警特別爽快，她竟然答應再聽我講解一次保單內容。由於我是新人，只學了「簽單八步」，其他甚麼也不懂，於是我重做一回（千萬別學我）。阿鳳竟然很有耐性地聽我說完，可能她感受到我的熱誠，於是便不理那 MDRT 財策顧問，即場答應幫我簽單。

回想，是次我糾正了一個問題，就是之前演繹完計劃書後，我沒有提出成交，反而問阿鳳還有甚麼問題，結果製造問題給自己。今回我最後問她：「你想年供還是半年供？想以信用卡還是支票付款？」便水到渠成了。

不過，在臨簽單一刻，阿鳳又突然停下來問：「Wave，為甚麼你這個計劃的保額這麼少？」

「考慮到你已買保險，所以挑一個最低消費給你，不想你太辛苦。」

「如果我買多一點，是否有折扣？」

「有，你買這個額便有折扣。」

阿鳳看後，隨即說：「金額相差這麼少，為何不一早幫我做這個額？」

「不好意思，我以己度人，我馬上計給你看。」

■ 信任誠可貴 ■

由於第一次即場計算，我有點慌張，經常按錯計算機。

然後，阿鳳説她要上班，我更焦急了。幸好，她表示在信用卡過數紙先簽名，待我計完銀碼後自行填上，我即表示不行。

「你不怕我亂寫銀碼嗎？」

「我信你，不信就不幫你買單了。」

但我堅持讓她等我寫上銀碼後，看清楚才簽名。

我第一次簽單手忙腳亂，錯漏百出，回到公司又發現客戶簽錯地方，並非一帆風順，但無論如何，總算開了人生第一張單！成功簽單的興奮和喜悦至今仍難以忘懷，且非單單因為業績，更重要是得到朋友真誠的信任，這份信任在沒有考驗下是難以感受得到的。整個過程我也不敢向阿鳳説：「你是我第一位客戶」，深怕她知道後對我沒信心，便不跟我買單。但我暗暗許下諾言，如果有天我成名，能踏上頒獎的舞台，我一定會邀請阿鳳出席頒獎典禮，並當眾介紹她説：「她是我第一位客戶！」

千禧年，當我獲得全港傑出年輕推銷員的獎項時，我兑現了這個承諾，阿鳳亦甚為高興。自此之後，阿鳳不時出席我的團隊活動，並在我的同事面前，自豪地指着我説：「我是他的第一個客，我多有眼光！」

3.3　應對已買保險客戶攻略

好的開始是成功的一半，得到阿鳳首張單後，我信心大增，更加努力約見客戶。當然並非每次見客都順利，被人

拒絕並不好受，也有灰心的時候，不過最大壓力並非來自工作，而是家人。

　　有時候，我見客晚了回家，我媽媽便胡思亂想，擔心我。當我回家時一臉失意，她便老叫我不要再做，簡直就是疲勞轟炸。不過，她也有窩心的時候，如發現我聲音沙啞，便會悄悄煲涼茶給我潤喉，令我十分感動。

　　在培訓時，老闆早已給我們心理準備，「如果保險易做，就不用請這麼多人了。另外，如果簽單容易，佣金也不會高。你們希望推銷大量低佣金的產品，忙不過氣，還是銷售報酬高的產品，過優質生活？」聽罷，我當然選後者。

　　而有個個案教我十分深刻。話說我有次約朋友 Sarah，道明來意後，她表示自己買了很多保險，還請我到她家替她

整合一下保單。老闆教過，約客最好到對方的家，不要到餐廳，因為餐廳太嘈雜，很難集中精神。反之，家裏較靜，而且如客戶之前有買保單，便可拿出來邊看邊談，毋須再約見面，順便可認識其家人，拓闊客源。

話說回來，當日我到 Sarah 家，見她拿出所有保單時真是嚇了一跳。她只較我年長少許，為何會買這麼多保單？而且，牽涉多間保險公司，令我的心涼了一截，心想：她已買了這麼多，那有錢再幫我買呢？不過，老闆教過我，很多人是「有保險沒有保障」，即了很多保單，保障卻大多重複，並不全面，甚至有些保單已經失效也不知。

還有，很多已買保險的人對保險的概念都一知半解，且不太清楚保單內容，可能同業講解得不清楚，又或是出於人情買單而沒有深究。所以，即使對方已買保單，你都要不厭其煩地再講解保險需要，然後才介紹產品，如果貪方便跳步，基本上失敗機會接近百分之百。

■ 善用反問技巧 ■

面對買了多份保單的客戶要沉着應戰，做好每個步驟。而那些已有一定理財概念的客戶，普遍沒有耐性聽解說，所以這時便要運用反問技巧，以免給他們囉嗦之感。以下就是其中一個例子：

顧問：「陳生，為何你買如此多保單？」

陳生說完一堆原因後，顧問接着問：「沒錯，不幸發生意外，你這些保單可作賠償，但有沒有想過若你平安大吉的

◆ 大學畢業時與 Sarah 合照。

話，便白花一筆錢了？」

陳生：「我的保單有儲蓄成份。」

顧問：「沒錯，但保單儲蓄回報不及買股票。」

陳生：「買股票不一定會賺。」

顧問：「但買保險不夠靈活。」

你不斷質問，直至見到他開始無言以對，便要停下來，然後打圓場：「陳生，別介意，剛才只是測試你對保險認識有多少，我發現你對保險確有一定了解。沒錯，買保險不夠買股票靈活，但正因如此，才能儲到錢。你試想想，究竟買房產的人賺得多？還是買股票的人賺得多？你問十個朋友，九個買股票的都是打和或蝕錢離場，但買房產的大部分都會賺錢，原因是股票即時資訊多，上落波幅大，並不易掌握。相比之下，保險和房產的價格走勢少有即時更新，令人

100% 簽單
神技 反問。
攻心

少有沽售離場的衝動。而且，保險是唯一一個健康時有錢儲、病了躺着有錢賠的理財工具，所以你懂得買保險，確有智慧。」

對於有一定理財概念的人，要善用上述反問技巧，然後總結。這樣一來不但可與客戶互動，讓他與你保持對話，還能造就機會自我推銷。

3.4　Review 神器

我運用老闆教授的反問技巧替 Sarah 溫故知新，她邊聽邊點頭。接下來便處理她那堆保單，真是令人手忙腳亂，加上經驗尚淺，不認識其他保險公司的產品，甚至連自己公司的產品也不是全部熟悉——曾試過有客戶聽我總結舊保單聽得一頭煙，不能即時作決定。

後來，一位師姐教我用表格將客戶的現有保單資料填寫清楚，寫完便能知道他哪些保障足夠，哪些不足夠，哪些過時，然後才跟他講解一份全保包括哪些項目。但先不要心急把表格給他看，而是要遮掩部分保單資料，僅露出要講的一欄，如此他便會留心聽你講解每項資料的重要性，而你就按需要詳盡解說。當提到有關加單的部分，這可令他思考「自己有沒有買這些保障呢？有買的話是否足夠呢？」之後，你才讓他看看自己究竟有甚麼保障。他看到後，自然有心加大保障不足的部分。我多年來見客，都一定用上這個「Review 神器」，真是萬試萬靈。

個人保障一覽表

保險公司	A	B	C	
保單號碼	A123456789	B234567890	C345678901	全部
基本計劃名稱				
保單生效日（年／月／日）	1995/03/19	1996/03/19	1997/01/17	
靈活保證現金	✘	✘	✘	✘
紅利	✘	✘	✘	✘
基金	✓	✘	✘	✓
長俸年金	✘	✘	✘	✘
免供免付	✓	✘	✘	✓
非意外身故賠償	HK$ 400,000	HK$ 1,300	HK$ 2,880	HK$ 404,180
意外身故賠償	HK$ 400,000	HK$ 1,300	HK$ 288,000	HK$ 689,300
普通門診保障	-	-	-	-
住院醫療賠償	私家醫院大房	-	-	私家醫院大房
超額醫療賠償	超額之 80%	-	-	超額之 80%
住院入息（每日）	-	HK$ 650（首 30 日） HK$ 1,300（30 日後） 最長 730 日		HK$ 650（首 30 日） HK$ 1,300（30 日後） 最長 730 日
額外深切治療津貼（每日）	-	HK$ 1,300 最長 730 日		HK$ 1,300 最長 730 日
危疾保障	HK$ 200,000	-	-	HK$ 200,000
婦科保障（最高）	-	-	-	-
傷殘斷肢（最高）	-	-	-	-
燒傷賠償（最高）	-	-	-	-
完全傷殘	-	-	HK$ 288,000	HK$ 288,000
意外門診（最高）	-	-	HK$ 16,000	HK$ 16,000
意外跌打（最高）	-	-	HK$ 500	HK$ 500
意外入息（每週最高）	-	-	-	-
緊急醫療運送	HK$ 500,000	不設限額	-	不設限額
每年保費	HK$ 7,000	HK$ 1,500	HK$ 1,400	HK$ 9,900

初
出
茅
廬

我也計用這個表格跟 Sarah 檢視保單，心裏頓時一沉，因為知道沒有地方可以再加保。不過，我依然笑着跟她說：「你買的保障很全面，而你之前的財策顧問也很專業，平心而論已經足夠了，毋須再加保。」

想不到 Sarah 竟然說：「Wave，真是多謝你，這張表格十分清楚，你做得很好，我真是想加，不知哪裏可再買？」

聽到這句說話，我真是十分感動，很明顯 Sarah 是為了支持我而替我買單，最後她亦加了一份儲蓄計劃。

離開 Sarah 家的時候已是深夜 12 時，她的家人已入睡了。那天應該是農曆十五，皎潔的明月看起來特別圓，我看着就覺得溫暖，而那份甘甜至今難忘；後來 Sarah 的家人也成為我的客戶，而且我們至今仍是很要好的朋友。

3.5　舊同學的打擊

新人或多或少會遇過低潮，我也不例外。記得在一次中學同學聚會後，有人提議去唱卡拉 OK，由於我的興趣不大，加上老闆提醒，作為新財策顧問最重要是裝作很忙，令人覺得你很上進和有很多生意，便會對你增添信心。所以，那晚我雖然有空，仍說約了另一個客戶而婉拒。

由於他們去唱卡拉 OK 和我乘車的方向一樣，我便與大夥兒一起走，想不到 C 同學突然上前跟我說：「Wave，我即將到外國留學，外國那邊要求我買保險，所以想跟你買一份。」有生意送上門，我當然十分高興，更想不到她說因去

外國的關係，所以保單想年供。這對當時手上大部分單都是月供、並不利業績計算的我來說，確是驚喜。於是，我問了她的保費預算，並表示做好計劃書後再約她詳細講解。

■ 常見放走客戶的兩個情況 ■

今時不同往日，首次面談我已做足「簽單八步」，但她說：「我仍未出國，不用太急，我回去考慮一下。」而我因為她主動找我，以為她有很強的買單動機，加上她一句「不急」，便沒有太進逼，打算給她一些空間，卻忘記了老闆的教導「打鐵趁熱，夜長夢多」。我們放走客戶很多時出於兩個情況：第一是覺得他今天一定不會買，第二是覺得他遲些一定會找我買。當晚，這兩種情況全應驗了，我理所當然地放走了她，結果一失足成千古恨！

其後，我再約她簽單難過登天，她不是說有約，就是發生其他意外。記得第三次約她，她戲劇性地得了急性盲腸炎，入了私家醫院做手術。那次是我人生第一次自發去探病，還花錢買了一支利賓納。在跟她閒聊期間，知道其住院費不便宜，約要 3 萬元，而且因為沒買保險，要自掏腰包。我聽後真想衝口而出：「上次都叫你買，如果你買了，現在便有得賠了！」但始終還有一點惻隱之心，這句話最終沒有說出口。

我待她出院後，再約她於大家拍攝畢業照當天簽單。可是，那天黑色暴雨來襲和掛八號風球，結果一切取消。一心想在當天簽單的我於是跟她說：「不如我到你家簽單？」但

3 初出茅廬

她婉拒説下週吧，我也只好再約她於下週日拍攝畢業相時簽
單。豈料在簽單前一天，她與朋友燒烤遇上我的同事，同事
指我的計劃貴，找他買可平一點，結果她一拖再拖，其後我
來回見她七次也簽不成，最終她竟然跟別家保險公司的顧問
簽單。

當時我覺得十分委屈，心想：預算是你親口説的，現
在反過來指我貴。是你先找我買保險，給我一個希望，但最
後又讓我失望，還耽誤了我這麼多時間，甚至賠上一支利賓
納。那刻我心灰意冷到一個極點，完全不想見人，怕再被人
傷害。我每天回公司報到和開會後便回家睡覺或看漫畫，更
一度想過離開這行業；如果真的離職，死因可能是利賓納！

3.6　老闆身教

這情況持續了一週，有天開會後，我如常回家睡覺，豈
料老闆突然來電，我立即把頭伸出窗外接電話，假裝正在外
工作。老闆問：「Wave，你在哪裏？」

我撒謊説：「我在旺角。」

「太好了，我在你家附近的鳳城酒樓，剛簽了四張單，
但客戶要月供和用信用卡付款。你知我一向簽年供單和收支
票，身上沒有這兩種表格，江湖救急，你能否馬上帶給我？」

老闆的話豈敢不從，加上他的是正事。於是，我立即換
西裝和打領帶，帶着表格到酒樓圓謊。老闆已在酒樓樓下等
我，見到我後高興地説：「辛苦了，不阻你工作吧？」

「剛見完客。」

「那你下個約會是何時？」

我支吾以對，隨口說了在晚上。

事實上，我覺得老闆看穿了我，只是沒有當面揭穿。他跟我說：「我有時也會於下午回家休息，養足精神好好把握晚上的約會。好了！我要去見客了，晚上有甚麼需要便打給我吧。」

老闆離開後，我呆呆地站在原地，覺得很慚愧。老闆即使如此高級和富有，也積極見客做生意，而我則待在家中無所事事，還要說一些騙不了人的低級謊話。那刻，我自覺不能再像爛泥一樣，我要重新振作，離開我的蝸居。

3.7　四條 A 比賽的啟發

第二天早會，公司邀請了別的團隊中一位很出色的師兄來演講，講題是甚麼已記不起，只記得在問答環節，我鼓起勇氣舉手問：「師兄，我是新同事。最近不知是否蜜月期已過，見客不順利，總是簽不到單，令我很灰心。請問你有否遇過這種情況？如有，你又如何處理？」

師兄未有正面回答我的問題，反而問：「你有沒有玩過撲克牌？」

「當然有。」

「一副撲克中有多少張牌？有多少張 Ace？」

「52 張，4 張 Ace。」

「如果大家各有一副洗勻的撲克牌，我和你鬥快揭牌，最快集齊 4 張 Ace 的便算贏。假設現在比賽已進行到一半，大家也揭開了 30 張牌，我已有 3 張 Ace，但你只得 1 張，你猜誰的贏面較大？」

「當然是師兄你，你都已有 3 張 Ace。」

「未必，因為你有可能接着 3 張也是 Ace，而我那張 Ace 是在牌尾第 52 張。」

「但也有可能我的 3 張 Ace 在最後，你下一張就是 Ace。」

「沒錯，也有這個可能，但結果是你我都控制不到的。我們可以控制的，是儘快揭完這 52 張牌，當你揭開所有不是 Ace 的牌，剩下的便是 Ace。如果你停下不揭，你便真真正正輸了。」

當時我腦裏突然「叮」了一聲，有所領悟。

師兄再說：「其實 52 張牌可以視作你的客戶，Ace 是會買單的人，其他牌則是不買單的人。所有同事也有不買單的客，但分佈就不一樣，我們唯一可以做的，就是儘快約見所有人，找出潛在的客戶！你明白嗎？」

「完全明白了。多謝師兄！」

3.8　蟹哥的啟示

師兄的分享令我有了方向，我馬上拿起電話和通訊錄約見朋友，但大都不道明來意，深怕約不到人。我首先找些

較熟的，或是我的氣場會壓過他的。如是者我打了很多天電話，當然有些成功，有些失敗。

其中一位大學同學，其學業成績很好，是一級榮譽生，平日走路時霸氣十足，所以大家叫他「蟹哥」。我致電蟹哥，跟他寒暄了一會，他便問我在哪裏工作，我說 AIA 保險公司，想不到他竟然說：「你做保險？為何不早些找我？我讀大學時已經覺得保險是必需品，畢業後找到工作已經想買。但沒有朋友做保險，家人又沒有買保險，只能不斷問身邊人有沒有介紹，最終同事介紹了另一間保險公司的顧問給我，我上個月與他傾單，上週買了。」

我聽後狂錘自己的胸口，心想：為何不早點找他呢？然後，我用老闆教的方法打圓場：「恭喜你！你雖然不是幫我買，但不打緊，最重要你有保障。現在你知我做這行了，如果將來你再有需要，或有朋友有需要，可以的話便介紹給我吧。」

掛線後，我想通訊錄內可能還有像蟹哥這些準客戶，如果他們不知我做保險，即使想買也不懂得找我。朋友跟不跟我買是他們的自由，但通知朋友是我的責任。我不盡這些責任，其他同業就會盡了我的責任；失去一個蟹哥也嫌多，絕不可以失去一籮蟹。於是，我把通訊錄內的朋友找了一遍，直接告訴他們我做保險，想約他們談保險，結果竟出奇地好。所以，道明來意約人好處多：

1. 就算你不道明來意，對方也會覺得你另有目的。與其要對方猜測，倒不如樂得大方，告之來意，以免對方誤會你想借錢等。

2. 有目的的約會一定比漫無目的的聚舊聯誼重要，爽約機會較少。

3. 不道明來意的約會較難入正題，最終浪費時間。

4. 不道明來意約人，對方出來後，你吞吞吐吐，只會給對方留下負面印象。他們有可能會認為你沒有信心，或不認同自己的工作等。

後記：兩個月後，令我不能置信的是，蟹哥竟然主動找我。他表示，因為目前那張單是全保，只有部分是儲蓄，覺得不夠退休之用，故想加大一點儲蓄（不愧是高材生），但也會諮詢其他顧問比較一下。其實，在我而言，多一個機會已很開心，何況本來無一物，又怎會介意與人比較呢？於是我滿懷信心答他：「無問題！我不怕你貨比貨，只怕你不識貨。」最終蟹哥也真的跟我買了。

其實我真的很感謝蟹哥，沒有他當日的啟發打通我任督二脈，我絕對沒有今天。蟹哥，謝謝你！

3.9 客死客還在

有次老闆和我檢討工作，我將近期的經歷一五一十地跟他說。老闆聽後，反問我：「你知不知你為何會感到消極？為何覺得電話很重，不想再打電話？」我說不知道後，他跟我說了一個故事。

在一個落後的農村裏，住着一對母子，兒子十分孝順。有天，母親得到重病，但村內沒有醫生。兒子知道鄰村有醫

生，於是背着她去求醫。一問之下，他發現村內有兩位醫生，一個在東面，一個在西面，他先到東面的醫生求診。

兒子天生擁有「陰陽眼」，他看到很多亡靈在東面的醫生背後，大為驚訝，心想：這個醫生的醫術一定很差，如果母親由他診治，豈非害了母親？於是，他便趕忙去找西面的醫生。甫抵，兒子不見那位醫生背後有亡靈，就認定他醫術高明，於是便將母親交給他診治，惟母親最後返魂乏術，靈魂出現在這位醫生背後。

老闆說完了，便問：「你在當中領略到甚麼？」

「做得少容易失敗。」

「有些新人自知經驗、知識和技巧不足，怕隨便見客會浪費簽單機會，而不知道真真正正的大國手要經歷無數次失敗，才能擁有寶貴的經驗。事實上，他們不見客，最終也不會得到那些客。」

「是。」

「相信你從小到大認識過的人，包括同學、朋友和鄰居，沒有一千個也有幾百個，對吧？」

「對。」

「那你現在還保持聯絡的有多少個？」

「約 100 個。」

「你有和其他人反目嗎？你向他們推銷過嗎？」

「沒有。」

「那為甚麼沒有再聯絡？」

「忙！少聯絡最後變成無聯絡。」

「對！所以你不約那些朋友，未來也不會約，最終都會失去他們。從前，我有很多不太熟的朋友，因為保險工作的關係，現在跟他們很要好。其實，成功的人失敗次數也很多；成功固然有業績，失敗也能獲取經驗。所以，必須謹記：客死客還在，要成為大國手就要勇於見客。」

3.10　追女孩的比喻

老闆怕我不明白行動的重要性，再以追女孩打個比喻。話說有對小情侶拍拖已有一段日子，但一直維持在拖手這階段毫無進展。男孩希望可以更進一步，最少可以親吻她，於是精心部署，先安排與她吃飯，然後看電影，最後到公園散步。初時，過程也很順利，直至他倆行公園，看到很多情侶在公園依偎。女孩害羞地低頭不語，默默前行，令男孩緊張起來。後來，男孩見有一張長椅，便提議坐下休息，女孩含羞答答地坐下了。他隔了一會便鼓起勇氣問：「我可以親你嗎？」女孩不語，男孩不明其意，保險起見惟有再問一次：「我可以親你嗎？」女孩仍然默不作聲，但臉紅了。男孩仍然不明所以，為確保萬無一失，他再問多次，女孩忍無可忍道：「還問？」然後主動親了男孩。

我聽完這個故事，隨即說：「世上那有這麼傻的人？如果女孩沒意思，在公園時一早就借故走了。」

「那個傻小子，便是你了！」

「我才不會這樣追女孩。」

「我不是說追女孩，而是說做生意。你和很多新人一樣，要集齊天時、地利、人和，有百分百的把握才鼓起勇氣約見客戶，而成交前又有太多顧慮，深怕嚇走他們。說實在，全世界也不是只有你一個做保險，在你等待那百分百把握的期間，已不知有多少同業曾接洽你的對象。況且世上不會有百分百把握的事，你以往該有體會過。反而有些你沒想過會簽到單的客戶，他們最後竟然跟你買。所以，很多事情不是你知道結果後才開口，而是你開口後才知道結果。你之前狀態低沉，又不敢打電話，原因就像之前講的兩個故事主角，你將注意力放在結果，而不放在過程。常言道：計較得失易迷惘，心有成敗舉步難。其實，只要你做好我教你的『簽單八步』，將注意力重投在客戶身上，而非着眼於結果，相信你的事業可更上一層樓。」

3.11　提升工作的意義

老闆的一席話令我茅塞頓開，我以往確實太着重簽單，忘了初心、動機和過程。之後，我見客的態度有 180 度轉變，不再顧慮太多。而多年後，當我建立了自己的團隊，接觸新同事時，我發現他們與我初入行時一樣，覺得向朋友推銷是一件十分尷尬的事。

記得我曾聘請一位新同事，他本來是為了結識更多朋友

才加入保險業，但入行後卻十分被動，不敢跟朋友談保險，因為覺得自己佔朋友便宜，所以業績不理想。直到有一次，我們整個團隊去泰國曼谷旅行，很多同事經過四面佛爭相參拜。我因為信仰關係，站在門外玩手機，而這位同事和我一起站在門外，突然淚流滿面。我十分愕然，問他為何哭。原來，他是一位虔誠的基督徒，認為拜四面佛的同事在拜偶像，因為這在上帝眼中是一種罪，所以覺得他們很可憐。我聽畢後，隨即問他：「你如此虔誠，經常看《聖經》，那你有沒有主動傳福音？」他說沒有，如果有人主動提起他才說。那我便跟他說：「別怪我直接，你這樣其實是假慈悲，如果你真的為同事着想，那你便應該衝進去把他們拉出來，並在平日多傳福音，而非站在這裏哭。」

很明顯，這位同事無論在信仰或工作上也動力不足。他着緊朋友，可是一想到朋友如何看待自己，便處於拉扯狀態。這反映他緊張自己在別人心中的形象，多於關心朋友的實際需要。工作上，他的焦點放在業績和佣金上，令他覺得工作壓力大，這也是我低潮時犯的錯誤，過分着眼結果，忘卻了工作初衷。

■ 傳媒大亨學英文 ■

我效法老闆，用故事跟這位同事解釋問題所在，而我所說的是一位傳媒大亨的故事。這位傳媒大亨年輕時，連 26 個英文字母也不懂。他在工廠打工時看到很多高職位的人都懂英文，激發他要賺錢學英文。所以，他找到一位在工廠打

工的退休英文老師，在工餘時教他英文，可是學習總是裹足不前。

直至有一天，老闆叫他定期送貨到中環，他因此與在中環工作的人熟絡了，且被那裏的文化深深吸引，包括優雅的談吐、新鮮的話題、富品味的生活、高貴漂亮的女性等等，那刻他決定要學好英文，躋身那個世界。

這想法完全改變了他，除了使他變得較以前積極主動、學英文進步神速之外，生活習慣也有翻天覆地的轉變。他由一個不修邊幅的小伙子，搖身一變成了一個每日勤於理髮洗衣燙衣、整潔自律、煥然一新的人。

■ 找出人生目標 ■

我跟那位基督徒同事説：「一件事是否做得好，背後動機十分重要。大亨最初學英文是為了找一份高薪厚職，動機只是賺更多錢；但認識一班中環朋友後，深受他們影響，希望得到他們的尊重和認同，於是學英文的動機昇華了，由賺錢變成提升自己的文化水平和內涵。

「你必須像大亨，找出金錢或結識朋友以外，一個更大的工作動機。例如，以關心家人和朋友為出發點，為他們尋找最佳的保險或理財產品；甚至作出承諾，當生意做到某個水平後，便會捐出某個百分比的收入予慈善機構，如此你才會投入工作，身心和業績亦會得以改善。如果只是單單着重業績，找不到努力的動機，最終也會離開這行。」

銷魂 2.0 —— 保險銷售的九陽神功

·學習筆記·

1. 對新人來説，客戶數量較質量重要

2. **KASH Formula**，對一個新人來説，態度和習慣較重要

3. 別以己度客

4. 善用反問技巧應對已買保險客戶攻略

5. 人可以懶一陣子，但不可以懶一輩子

6. 四條 A 比賽的啟發 —— 我們唯一可以做的，就是儘快約見所有人，找出潛在的客戶

7. 蟹哥的啟示

   一、直接約通訊錄內所有朋友談保險

   二、道明來意約人好處多

   三、對方買了保險，也要恭喜他，打圓場

8. 客死客還在，要成為大國手就要勇於見客

9. 計較得失易迷惘，心有成敗舉步難

10. 提升工作的意義

天涯何處覓客戶

4

4.1　無處不飛花

光陰似箭，不知不覺在保險這行業打滾了半年，順利通過第一關。老闆説，每個人認識的親朋戚友再多都是有限的，如果不去認識新朋友，潛在客戶數目只會愈來愈少。所以，每個新人入職首半年，是考驗個人人緣和能否掌握銷售流程的階段，往後的考驗就是開拓客戶的能力。

我在過去半年主要靠 Warm Call 開拓市場，欲速不達，又不想臨渴才掘井，所以我請教師兄師姐一些有關開拓客源的心得。其中一位師姐知道我家做茶餐廳生意，便建議我每天放工後不要急着回家，到茶餐廳幫忙，因為有機會重遇認識的人，又可以與茶客打關係，熟絡後便有機會帶來生意。我聽取了她的建議，每晚也到茶餐廳，我媽媽還以為我突然孝順起來，老懷安慰。

另一位師姐則教我每次搭港鐵時，要由車頭上車，然後往車尾走，看看有沒有機會碰到一些失去聯絡的朋友。我覺得這招十分奏效，多年來我真的碰上很多老朋友，而我亦將這招延伸至其他交通工具，在巴士、小輪上也會由頭走到尾、由上層走到下層。

為開拓更多客源，我甚至參加不同的興趣班，希望能認識新朋友。但經過一段時間後，我發現這方法並不一定有效，因為有些課堂同學們都各自各學習，下課後大家各散東西，大多不能帶來生意。所以必須參加一些有互動、有長時間交流的活動，如此才有機會與同班同學建立友誼。

我其中一個興趣是攝影，所以我亦會利用攝影去結識朋友，例如邀請一些女性朋友做模特兒，並鼓勵她帶朋友一起來。那個年代還沒有數碼相機，拍照要拿菲林（膠卷）去沖曬照片，我便可以趁機問她們的住址和工作地點，好讓我稍後以送相片為由約見她們。

我又買電話資料庫，透過電腦程式將自己設計的傳單傳真到不同公司。記得在某個農曆新年，我認為是推銷教育基金的好時機，於是設計了一張支票圖樣的教育基金單張，逐一放入回收得來的利是封。有朋友來拜年時，便請他們幫忙將這些宣傳品放入他們住的屋苑或大廈信箱，可謂無所不用其極，現在回想起來也覺自己創意無限。

雖然做了很多從前不會做的事情，有些甚至是勉強自己做的，但我亦因此走出自己的舒適區和朋友圈，學會了很多新事物。有位高人曾說：「走不出去，你眼前就是世界；走得出去，世界就在你眼前。」

4.2　推銷員與狗

推銷有 Warm Call 和 Cold Call，前者是向親友推銷，後者則是向陌生人推銷。如果我日後要帶領團隊，便要懂得 Cold Call，因為就算我 Warm Call 做得再好，也不是每個團員都有很好的 Warm Market，那便要靠 Cold Call 維生。若然我做不好 Cold Call，又如何帶領他們呢？再者，多學一門技巧對自己也有益處。當時，我決定請教一位人稱「Cold Call 皇后」的師姐，她為人很好，二話不說便帶我到工廠和

4 天涯何處覓客戶

寫字樓逐家逐戶拍門。

　　Cold Call 難在要吃閉門羹和在短時間內跟陌生人熟稔起來，並取得其信任。我跟皇后一段時間，真的十分佩服她。她不但有毅力，有笑容，而且說話技巧老練，每到一間公司都能輕易與老闆或職員打開話題，暢談一輪。我亦親眼看到她在 Cold Call 市場中簽單，令我好生羨慕。其後，皇后也叫我試試 Cold Call，她在旁看着，有需要便幫忙，當中有一些順利的例子。不過，我最深刻的一次，是經過一座工廠大廈時，門口貼着「推銷員與狗，不得內進。」這不是六、七十年代的電影橋段嗎？為甚麼今時今日還有這種「狗眼看人低」的人？皇后見慣不怪，叫我到下間公司拍門，別自招煩惱。但我不知為何有股熱血湧上心頭，很想教訓貼那張紙的人，所以便跟皇后說：「我們一起進去吧，這次由我開口。」

　　甫入內，一位疑似是負責人的男子很愕然，不禮貌地問：「你是誰？」

　　我說：「先生，你好！怎樣稱呼你？」

　　那人不耐煩，劈頭一句：「甚麼事？」

　　「我做保險的。」

　　「你不見門口那張紙嗎？還進來幹甚麼？我不會買的，已罵走了你們不少行家。」

　　「先生，我看到那張紙，但你誤會了，我不是來推銷保險的。我想告訴你，如果有賣保險的人來找你，你應該歡迎他們，請他們坐下，奉上茶水才是。」

◆ 與「Cold Call 皇后」Florence 師姐合影。

「你傻的嗎？我為甚麼要這樣做？」

「請別介意，保險不同其他產品，不是人人可以買，要有健康和金錢的人才可以買。所以有人向你推銷保險是你的福氣，因為代表你有這兩樣東西，若然他見你失去健康或金錢，甚至兩樣都失去，就算你請我們來，我們也不會來。所以，我建議你撕走門口的紙吧，那張紙把你的財神都趕走了。」

話畢，我們隨即離開，皇后瞪大眼看着我，然後豎起拇指，我得意地笑了笑，一切盡在不言中。

其實，生命中總有野蠻人向你扔石頭，但錯的不是你，是他。你可以選擇做悲劇的主角痛哭，也可以選擇怒氣衝衝地把石頭扔回去，但我選擇留着來做建高樓的基石。你呢？

4.3　貨櫃場傻子

　　Cold Call 有很多種做法，除了到工廠和寫字樓外，我亦試過跟師姐到貨櫃場。我最初以為貨櫃場是那種很開揚的工地，原來是在葵涌的多層工業大廈內。貨櫃車要排隊到頂層，司機停車時又不會關掉引擎，所以大廈內盡是廢氣。夏天時，那裏熱得像個大焗爐。

　　我問師姐：「為甚麼來這裏做 Cold Call？」

　　「貨櫃車司機的人工很高，工時又長，賺到錢沒機會花。因為工作比較危險，他們的保險意識也較強。最重要是他們要排隊等取貨，往往等上好幾個小時，他們沒事幹便會睡覺、看馬經、賭錢，他們有的是時間，是很好的銷售對象。」

　　我被師姐一言驚醒，貨櫃車司機確實是有潛力的銷售對象。可是去到現場，我又膽怯起來，因為他們每個都是身型健碩、不穿上衣的大漢，有些更有紋身，有很濃厚的江湖味。幸好，師姐傍着我，示範如何接觸那些司機。

　　她很俐落地敲了敲貨櫃車門，司機打開車窗，師姐便開始與司機談起來。因為貨櫃車車身很高，我們要抬高頭說話，師姐往往在傾談一段時間後便說：「你低頭跟我說話，我抬高頭跟你說話，大家都很累，加上天氣很熱，你現在排隊都是在等，沒有其他事做，不如在你的車裏聊吧，可以嗎？」

　　說實話，大熱天時，我穿西裝不敢脫，因為一脫就會被人看到恤衫的汗漬，還散發汗臭；更曾因此長出汗斑，要向

皮膚科醫生求診。所以，我們首要的目標是上車，在冷氣環境下再談保險。

師姐給我示範了兩次，兩次都能成功上車。與第一個司機更談到產品階段；與第二個司機雖未説到產品，但也順利取得聯絡資料，以便日後跟進，都算是成功的 Cold Call。

之後，師姐跟我説：「第三個到你了！」我愕然説：「甚麼？我剛才看不清楚，沒有把握，能否再示範一次。」一輪推讓之後，師姐再示範。但到第四次，我推無可推，惟有硬着頭皮試着做。

我還記得當時敲車門，車窗徐徐落下，我模仿師姐的開場白。但由於超緊張，説話時結結巴巴，那司機沒回應便關上窗，亦即失敗告終。師姐看着，然後説：「不要緊，下一個。」我表示真的不行，問她可否再示範一次？誰知她沒有心軟，要我繼續。

到第三回，我終於能夠和司機打開話題，然後成功上車，過程中師姐亦有幫口。然而，談了一會，我發現那個司機有點異樣，他説話前言不對後語，眼神又恍惚，到後來我才驚覺他或許有精神問題，便想離開。奈何他已像開籠雀般自説自話，我不知如何結束這個局面，結果在車上待了兩小時，直至那司機取貨，我們立刻借機離開。

下車後，我們有一種劫後餘生的感覺。此時老闆剛巧來電問我們工作情況，我將剛才的經歷告之，老闆聽完隨即問：「整個銷售流程中，最重要是哪部分？」

「是 Prospecting，尋找客戶。」

「沒錯，是 Prospecting，不是 Suspecting。我們要找準客戶，你既然知道那司機有精神問題，成功投保機率甚低，為甚麼還花時間在他身上？還要花兩小時那麼多？」

那一刻我得到一個很大的啟示，一直以來我的見客策略是漁翁撒網，總之有客便見。但經此一役後，我開始深思目標客戶究竟是哪些人呢？

4.4 拒絕回佣

Cold Call 的世界，甚麼人也有，當中不乏一些難招呼的客。記得有一次約了一位男士在茶餐廳見面，我按照「簽單八步」，首先遞上名片自我介紹。他接過名片後向我上下打量，一臉輕佻傲慢，並把玩我的名片。剛巧有些咖啡糖散落桌面，他不知有心還是無意地用我的名片把糖掃來掃去。我看在眼裏不是味兒，但始終初相識，直斥其非不太恰當，於是心生一計，説：「X 先生，不好意思。」然後拿走他手上的名片，再用紙巾抹乾淨後雙手遞給他，説：「因怕名片弄髒了你的衣服，現在可放心了，你先收起它吧。」

可能 X 先生也想不到我有此一着，看我的眼神也有少許改變。我們續談保險產品，到最後他問：「有沒有折扣？」

「現在公司未有優惠，暫時沒有折扣。」

「我不是説你公司，而是你私人有沒有折扣給我？」

此時我意識到他要回佣，便說：「不好意思，這是違規的，我不敢做，也不會做。」

「你新入行的嗎？如此不懂變通。這行很多財策顧問都會給客戶折扣，如果你不給，我便找第二個買。」

根據香港《保險代理管理守則》，除非獲得保險公司授權，否則不得提供或答應提供任何保費回佣、佣金或其他在保單內沒有指定的優惠，以誘使準保單持有人購買長期保險。我老闆在培訓中，也千叮萬囑我們不要鋌而走險，因為回佣無論對客戶、代理，甚至對整個保險行業也是禍害。

對代理而言，回佣變相減少收入，會降低服務客戶的動力，一旦事敗更會被吊銷牌照，得不償失。對客戶而言，若然回佣被揭發，有關保單可能作廢，保障亦會受影響，再投保又要重新計算生效期、生存期等，需知投保成本有機會因年齡增長和健康轉差等理由而增加。站在業界角度，同一計劃、同一保額但不同價錢，客戶自然向價低者買，到時每個代理都以低價搶客，哪會花時間進修產品知識和在客戶服務上？整個保險業生態都會變得不健康。因此，老闆教我們遇到要求回佣的客戶，要用以下說話回應：

「X 先生，我欣賞你的坦白，喜歡你的爽直。可是，佣金是公司發給我們代理的合理收入。在香港回佣是嚴重違法違紀的行為，違者會被吊銷牌照，以後不能在這行業立足。當然，我也知道市場上有些壞分子，抱着賺快錢的心態把客戶當提款機。他們漠視服務質素，不進修，不專業，單靠違規回佣生存。你來見我為的是買保險，而非買風險，試問你

會找一個為自己利益、視道德法規如無物的人，還是找一個合法守規、值得信賴的人，替你處理重要的財產？在你有病有需要時，替你辦理所有索償手續，令你專心養病？恕我膽小怕丟了飯碗，不敢違規回佣，若你要回佣的話，請另找他人。」

說完這番話，X 先生沒趣離開了。雖然生意做不成，但我為自己能堅守宗旨、做好本分而自豪。在往後的保險生涯中，我也間中遇到這些要求回佣的客戶，我都會用同一番話來回應，有些明事理的客戶依然會幫我買單。至於冥頑不靈的，我就不強求了，Cheap 客便讓 Cheap 人服務好了。

4.5　鎖定目標客戶

我返回公司，沾沾自喜把擊退回佣客的經歷一五一十告訴師兄。師兄卻說：「你贏了口角，輸了生意，又有甚麼意義？其實你漫無目的、全方位地做 Cold Call 也不是辦法，你有沒有想過目標市場是甚麼？」

"Target Marketing"「目標市場」對當年的我來說是個很新鮮的詞彙。我記得有一位前輩在我入行時說過，每一個有呼吸、有一點錢的人也是我們的客戶。即使那客戶健康不太好，未必買到醫療保單，也可以做儲蓄。要找目標市場，豈非限制了自己的客戶範圍？那如何做到無處不飛花，四出找到生意呢？

師兄說：「前輩說的沒錯，因為那時你是新人，沒有客源，所以這樣教你。但其實保險是一門生意，要用生意人的

角度去營運才會有生意人的收入，如果你沒有做好 Target Marketing，你便永遠要為 Prospecting 而煩惱。」

師兄解釋，資源有限，專攻某個特定市場，業績可能更突出。就像汽車市場，大眾化車款多不是日本豐田或本田的對手；在高級跑車市場，法拉利、保時捷、林寶堅尼等車廠就各有強大的優勢，這就是市場學所說的市場定位。

2004 年，我看到三星（Samsung）一款以女性市場為定位的手機竟然擊敗諾基亞（Nokia）、摩托羅拉（Motorola）、愛立信（Ericsson）三大品牌旗下多款手機，成為當時的銷量冠軍，靠的便是將資源和宣傳都集中在女性市場，令我深信市場定位的重要性。

◆ Samsung Queen Phones SGH-A408。

　　既然 Target Marketing 如此重要，我請教師兄如何找到自己的目標市場。師兄說：「所謂『知己知彼，百戰百勝。』首先你要做一個 SWOT 分析。你知不知道怎樣做？」

　　「我懂。」

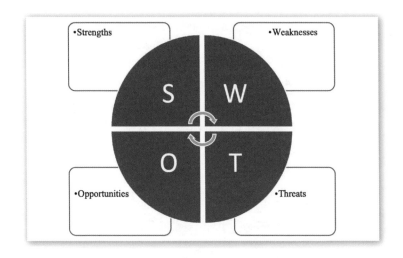

　　我之前聽過一些市場學理論，SWOT 是很多商業機構採用的分析工具，用來了解市場形勢；S 是 Strengths（強項）、W 是 Weaknesses（弱點）、O 是 Opportunities（機會）、T 是 Threats（危機）。前兩者是針對個人的分析，後兩者是針對外在環境的分析。SWOT 有助我們釐清混亂的思緒，認知目前的處境，以及訂定下一步對策，包括提升優勢、降低劣勢、把握可利用的機會與消除潛在威脅。

　　我回家後很認真地為自己做了個 SWOT 分析，得出的結果是，自己的目標市場應該是 20 多歲的年輕人，以及 50

至 60 歲的長輩。然後，我再請教師兄下一步該怎樣做。他說：「你要深化你的目標市場，要在這個市場做到最好。你要明白 20 多歲年輕人的需要，對你來說該沒有太大難度。但是長輩市場，你便要好好裝備自己。」

4.6 「三個三」索取轉介

開拓長輩市場確是頭痛，因為我認識的長輩不多。為此，我再向師兄請教如何開拓長輩市場？他說：「這很簡單，我教你一招『三個三』，好好善用，該目標客戶羣的轉介便無窮無盡。」我聽到簡直兩眼發光。

師兄問：「記不記得老闆教我們四大購買動機是甚麼？」

「需要、想要、優惠和支持。」

「索取轉介，出於客戶支持你，而支持出於感性，所以我們要用感性的表情、語調和內容。」

■ 按部就班取得轉介 ■

稱讚對方

師兄講述了五個取得轉介的步驟，第一步是稱讚對方，只要這步做得好，之後的事情便會順暢很多。師兄更即席示範，如何自然地稱讚對方。

「Eric，今天你雖然沒有幫我買單，但我也很開心，因為認識了你。你雖然年輕，但和你傾談時，發覺你很踏實，很

有責任心又願意幫人，現在已少有你這種人了。未來如有任何理財問題，隨時找我！」

廣東話名言：「雞髀打人牙骹軟。」你這樣稱讚他，又說他願意幫人，稍後你有所求，他也不好意思拒絕。

② 取得三個 OK

第二步是利用是否式和引導式問題，引導對方說出三個 OK，分別是：「講開又講，你覺得我代表的公司 OK 嗎？」、「我剛剛介紹的產品 OK 嗎？」、「我剛剛的講解 OK 嗎？」一般來說，你讚完對方，再問這些問題，對方都會說 OK。

③ 道明來意

取得三個 OK 後，第三步是開宗明義道明我們想要轉介；由於態度隱晦反會令對方覺得我們別有用心，對我們多加提防，所以師兄就這樣示範：

「多謝你的肯定！其實我們做財務策劃，就要不斷接觸人，認識更多朋友，分享我們的工作和理財知識。我很感恩，有很多人也介紹朋友給我，就像 Amy 介紹你給我認識。Eric，假如將來你的朋友有需要，會否介紹我給他們？」

④ 說出三方的好處

以上這番話十分巧妙，基本上沒有得罪客戶的話，他們出於禮貌都會答「有的話會介紹給你」。那就可以進行第四步，說出轉介朋友的好處，包括三個人的好處，分別是自己、對方和被轉介的人。

「Eric，謝謝你！你真好人！其實你介紹朋友給我，我當然有好處，但你知不知你和你的朋友也有好處？」

說到這裏，對方一般都會好奇地問：「有甚麼好處？」

然後你便接着說：「你人緣好，自然認識很多朋友，若其中一個朋友因急病要籌大筆錢就醫，但又沒有足夠保險和儲蓄，一時周轉不來問你借。你那麼好人，相信一定會借給他！但你又是否真的很喜歡借錢給人？」

「當然不是！」

「對吧！我也不是。但如果朋友真的問你借錢，我相信你基於情義都會借給他，若他真的沒有錢還，你也肯定不開心！所以，如果你的朋友有一份很好的保障或理財計劃，有甚麼財務問題都可以自己解決，不用麻煩其他人，那是否皆大歡喜？」

■ 索取最少三個轉介

當對方認同你的觀點後，便可單刀直入，向他索取三個轉介。我奇怪問道：「為何是三個，而不是一個、五個或十個？」師兄說：「三個恰到好處：索取一個的話，如果有甚麼差池，隨時變成零。但一下子要十個，怕對方嫌麻煩直接拒絕你。」

師兄又表示，並非所有人也願意即時介紹。如果對方很爽快馬上介紹朋友，便請他再介紹多一些，因為在大數法則下，可彌補那些不願提供轉介的客戶。

■ 索取轉介的黃金時機 ■

另外，曾有統計指出平均一個人可介紹 50 個人，所以今日雖然向對方要了三個轉介，但如果下次再見面，同樣可要求轉介。

我疑問：「時刻索取轉介會否令客戶很反感？」

「雖然任何時候都可以索取轉介，但有四個容易成功的時機：第一是簽單時，客戶對你絕對信任，那是千載難逢的好機會。若然錯過了，便等第二個時機，就是送保單時，請對方介紹人也很順理成章。第三個是為客戶提供專業服務，如轉地址或辦理賠償時，只要他們滿意，自然願意介紹朋友給你。最後一個就是客戶拒絕跟你買單的時候，他們會因不好意思而介紹朋友給你。」

很感謝師兄教導，我透過這「三個三」，成功在我的目標市場取得不少轉介客戶，客源亦漸見穩定，為我的事業打下穩固的基礎。

4.7　自製電話中心

索取轉介雖然有助我拓闊客源，但所有工作都要親力親為，似乎仍然停留在銷售的模式，未能走向經營生意的模式。

2000 年底，港府實施強積金計劃，所有在職人士都必須供強積金。我認為這是一個龐大的市場，必須搶攻。但當時我沒有太多創業的朋友，亦缺乏做人力資源的人脈，所以無從入手。

我苦思之下，發現要開發這個市場，除了用「三個三」外，還可從 Cold Call 入手。不過，由於我當時已累積了不少客戶，並沒有太多時間做 Cold Call。再者我不太喜歡打電話，這方法似乎不太可行。

有一天，我看到黃子華棟篤笑的其中一段，説助導的工作就是做導演不喜愛的工作。這觸發我想：我雖然不喜歡打電話，但我可以請人替我打電話。於是，我買了一大疊商業電話簿，請了兩名暑期工，按時薪計，要他們每天打通 200 個電話，如約到五個客戶見面，便有特別獎勵。我用這個「自製電話中心」竟然做到公司強積金成績的第六名，可見懂得用人是一件十分重要的事。

另外，那些強積金客戶都是新客，我再交叉銷售，介紹其他人壽保障或理財產品給他們，又用師兄所教的「三個三」招數取得轉介，我的業績也蒸蒸日上，成就我連續多年奪得 MDRT 的紀錄。而這一刻，我發現保險工作比起其他銷售行業和特許經營生意更靈活和富創造性。

· 學習筆記 ·

1. 要持續無所不用其極地尋找新客戶 —— 走不出去，你眼前就是世界；走得出去，世界就在你眼前

2. 生命中總有野蠻人向你扔石頭，錯的不是你，是他。你可以選擇做悲劇的主角痛哭，也可以選擇怒氣衝衝地把石頭扔回去，但我選擇留着來做建高樓的基石。你呢？

3. 整個銷售流程中，最重要是 Prospecting。我們要懂得分 Prospect 和 Suspect，別浪費時間在 Suspect 身上

4. 拒絕回佣：Cheap 客便讓 Cheap 人服務好了

5. 如果你沒有做好 Target Marketing，你便永遠要為 Prospecting 而煩惱

6. 尋找目標市場前，先做 SWOT 分析

7. 「三個三」索取轉介步驟

   一、稱讚對方
   二、取得三個 OK
   三、道明來意
   四、說出三方的好處
   五、索取最少三個轉介

8. 索取轉介的黃金時機

一、簽單

二、送保單

三、提供專業服務

四、客戶拒絕跟你買單的時候

5

銷售從拒絕開始

5 銷售從拒絕開始

5.1 最佳損友

做保險讓我看到人性美好的一面，同時也讓我見識人性醜惡的一面。記得有一次我約了大學同學肥佬在茶餐廳傾單，一開始我已道明來意，他表現得很開放，大家談及很多話題，我亦順利展開「簽單八步」。

到索取預算，他說每月 2,000 元，我便立即設計計劃書跟他講解，期間他的態度十分正面，我心想這張單定必簽到。豈料臨簽單一刻，他說要回家考慮。我見天色已晚，加上認為他最終會幫我買單，於是放走他，還請他吃飯。

過了數天，我又約肥佬在餐廳簽單，肥佬爽快應約。原本以為當天可完成交易，誰知簽單時，肥佬突然表示每月 2,000 元保費太貴，要減半至 1,000 元。我當時心想：甚麼？竟然反口，還要減這麼多！不過，本着專業精神，我還是替他設計一個 1,000 元保費預算的計劃書，再當場講解一次，不過肥佬聽完後，又說要回家考慮。

到結賬時，由於上次我已請了他吃飯，所以心想今次應該輪到他，但他竟然說沒帶銀包，無奈之下，我再次請客。

再過數天，我又約肥佬簽單，他竟然說 1,000 元保費還是太貴。那刻，我有點情緒，說：「第一次說是 2,000 元，然後減到 1,000 元，現在又說不行？」

「其實 1,000 元我可以接受的，不過要待我還清學費貸款後才可以。」

「那你想保費減至多少？」

「200 元吧。」

那刻，我已不想做他的生意，只想揍他一頓，但我遏抑着心裏的怒火，説了一句：「你留 200 元來備用吧。」之後，我請侍應結賬，並交叉雙手示意他出錢。然而，所謂道高一尺，魔高一丈，他竟然再一次説沒帶銀包，還裝作肚痛要馬上回家上廁所。

算吧！當我倒楣！想不到出門遇老千，而這老千竟然是我的大學同學。做保險的其中一個好處，就像多了一面照妖鏡，身邊朋友是人是鬼，一目了然。

事後我再檢討肥佬的個案，我簽不到單，還付出了數餐飯錢，無疑是失敗的。但我的失敗並非在簽單一刻，亦非在結賬一刻，而是在「簽單八步」中確認預算那一步沒有做好，才會種下失敗的禍根。由此可見，老闆所教的每一步確實有其道理。

另外，我在處理異議（Handling Objection）方面仍有待磨煉，在演繹計劃書（Presentation）時更要力臻完美。記得老闆經常問，救火和防火哪樣重要？當然是防火，防火做得好，便毋須救火。所以，常言道：完美的 Presentation 是不會有 Objection 的。

5.2　父子賣驢

　　我從事保險的日子尚短，Presentation 未做到完美，被人拒絕是家常便飯，但絕不好受。而事實是，世上沒有人喜歡被拒絕，尤其是被朋友拒絕，感覺特別難受。

　　我自己狀態差的時候不單怕被拒絕，還介意別人對自己的看法，經常猜度別人怎樣想自己。別說見客，連人也不敢見，就算見面也不敢提工作，打電話也覺得有壓力，這樣生意又怎會好呢？長此下去，我只有一條路可走，就是廣東話「躝屍趷路」。

■ 不同人有不同觀點 ■

　　我覺得這樣下去不是辦法，便請教老闆。他聽完後，便跟我分享了以下一個故事。

　　話說有兩父子家境貧窮，就連吃飯的錢也沒有，而家裏除了一隻驢子之外，便沒有值錢的東西。為了維生，兩父子最後決定賣掉驢子，由於住的地方與市集有一段距離，兩父子便要領着驢子步行到市集。

　　他們一路走着，迎面有一位路人甲，他看到兩父子拖着驢子，便奇怪地問：「為甚麼有驢子不坐？這樣走着不是很累嗎？」二人覺得路人甲說的話有道理，驢子就是用來馱負物件或載人的，不坐豈非浪費？於是兒子便坐上驢背。

　　再隔一會，他們遇上路人乙，路人乙看到他們說：「這兒子只顧自己坐驢，反而要年老的父親走路，實在太不孝了。」

兒子聽後有愧，於是下驢讓父親坐。豈料再走一會，他們又碰到路人丙說：「這老人家太可惡了，孩子年紀這麼小，怎能走這麼遠的路？」父親聽後也覺太羞臉，於是叫兒子一起坐上來，二人同坐一驢。可是路人丁見到這情景後，大聲說道：「你們這兩父子太殘忍了，這驢子如此瘦弱，怎可忍心坐上去？這不是虐畜嗎？」

■ 做事要對得起自己 對得住良心 ■

兩父子聽後十分無奈，這又不行，那又不行，怎麼辦？最後他們想到一個辦法，就是抱起驢子，如此便不會虐畜了。他們來到河邊，正當過橋之時，驢子突然驚慌起來，在二人手中掙扎，最後不慎跌入河中。兩父子眼睜睜看着驢子被河水衝走，血本無歸，窮上加窮，坐在橋上欲哭無淚。

每個人都有不同的觀點，就算是同一件事，大家的出發點也會不同。正如上述父子坐驢的故事，四個途人雖有不同觀點，但其實不用理會。如果父子繼續堅持拖着驢子，順利到市集並賣出驢子的機會十分大，絕不會弄至一無所有的境況。

我聽完之後，突然有所領悟。他跟我說，如果凡事只顧跟着別人走，那你只會活在別人的感受中，並非活出自己。其實只要不是做一些傷天害理的事，或是無中生有去誣衊別人，就不用太在意別人的看法。事關每個人心中的那把尺也不同，我們根本無辦法滿足所有人，何況有心針對你的人，無論你做甚麼，他們都會繼續針對你的。所以，我們做的

事，只要符合道德、對得起工作、公司、自己和良心，也無需太介懷別人怎樣看。如此一來，大家心情會更愉快，做起事上來亦會事半功倍。

5.3　克服害怕被拒的心魔

多年後，MDRT 組織請了來自北京的演説家在年會分享，他的名字叫蔣甲。蔣甲在美國讀書，畢業後進入大公司工作，其後進修 MBA，結婚生子，讓不少人羨慕。不過，他到 30 歲時，突然覺得繼續打工無意義，便做了個重大決定，辭職創業。但創業並不是想像般容易，尤其是找投資者，他遇到無數的拒絕，想放棄又不甘心。於是，他想到一個方法，就是「明知山有虎，偏向虎山行。」即是不斷去「尋求拒絕」，令自己對「不」這個字變得麻木。他展開了 100 天的被拒絕之旅，每天都做一些有機會被人拒絕的事，然後用電話攝錄整個過程，上載到 YouTube。

蔣甲的第一個「被拒絕任務」，就是向一個辦公室保安員借 100 美元。他戰戰兢兢地跟保安員説：「不好意思，你可否借 100 美元給我？」得到的答案如他所料：「不可以，為甚麼要借給你？」他馬上回應：「不可以？那好吧，謝謝！」然後便慌忙地離開了。

事後蔣甲回看錄影，發現保安員也非如此可怕，為甚麼自己表現得如此恐懼？他還在想，如果再來一次，可能會説：「我只是看看會否有奇蹟發生，如果你信我，借我 100 美元，我其實會馬上還給你的。」這個輕鬆的應對，或許會

一個男人到甜甜圈店裏作奇怪要求，結果上了新聞

有不一樣的結果。想着想着，他似乎不太害怕被拒絕。

其後，蔣甲去了一間冬甩店，他要求店員做個店內沒有發售的奧運五環冬甩，他心想會馬上被拒絕，豈料店員想了一會，反問：「你何時要？」為了被拒絕，他提出苛刻的 15 分鐘，沒想到店員竟然答應，還認真地用紙筆畫下冬甩的設計，然後入廚房製作。最後蔣甲真的得到了奧運五環冬甩，每個環都塗上不同顏色的糖霜。

蔣甲看傻了眼，只問了句「多少錢？」店員竟說不用錢，這令他非常意外。有關片段在 YouTube 上爆紅，蔣甲和店員都成為了網絡紅人。沒想到，原本預料被拒絕的事，最後變成這樣的結果。蔣甲更因此成為了「拒絕治療專家」。

蔣甲的尋找拒絕之旅，最終求仁不得仁，換來很多「Yes」。聽畢蔣甲的故事，我覺得拒絕不是絕對的，也許只是一個觀點，這個觀點可以隨時間、環境、心情改變，既然如此，又有何懼？

5.4 認清五類拒絕原因

我克服了被拒絕的心魔之後，老闆就傳授一些處理客戶異議的實用技巧，幫助我成功處理不少異議，令生意穩步上揚，現在跟你分享。

首先，老闆教我認清客戶提出的異議，究竟是「顧慮」（Concern）還是「藉口」（Excuse）。很多時客戶不想幫你買單，便隨便找個藉口敷衍了事，例如明明有錢，月入十萬

元，卻跟你說一個月數百元保費也交不起。此時你要虛應，否則認真便輸了。相反，如果你刻意放大問題，繼續糾纏，客戶不好意思表示剛才只是敷衍你，並用其他藉口來掩飾，如此沒完沒了，但客戶最終都拒絕買單，便是浪費大家的時間。

當然，如果客戶真有顧慮，便要儘快認真處理。否則，他便不會跟你買單。老闆說，無論甚麼異議，萬變不離其宗，可歸納為以下五類：

1. 沒有需要 No Need

2. 沒有錢 No Money

3. 沒有迫切性 No Hurry

4. 沒有信心 No Trust（包括對顧問、公司、產品等）

5. 沒有概念 No Concept（或對保險理財的概念存有誤解）

換句話說，只要我們因應每類異議預備最少兩個回應，那麼無論客戶提出甚麼異議，我們都可迎刃而解。過程中，客戶或許有不同反應，如連珠炮發地發問，打斷你的説話，甚至問一些你完全不懂答的問題，這個時候可以用以下三招應付。

第一招是不理會對方的提問，説：「X 先生，你的腦筋轉得真快，問了我一會兒要説的內容，不如你先聽我繼續講解，之後我一次過解答你的問題，這樣比較省時間。」

第二招是反問，如果對方問：「這個情況可以賠嗎？」我們便反問：「你覺得呢？」對方答：「應該可以吧！」我們便說：「對！」客戶下一次又問問題，便使用同樣的方法處理；當客戶發現所得到的回覆都差不多時，類似的問題便會愈問愈少。

事實上，很多客戶的問題都是突然想起，只要請他們遲一點發問，或我們遲一點處理或回答，他們很多時也記不起。但如果客戶真的很在意一個問題，之後再問，而我們又不懂回答的話，怎麼辦？這時便要用第三招：暫時離開現場，致電老闆或上司，尋求解決辦法。

老闆說，只要我們做足準備工夫，其實很多異議都可圓滿處理。他還補充一個心法：鎮定！每當客戶有異議時，千萬要鎮定，讓他感覺你處理這異議很有經驗，是小菜一碟。所謂「輸人不輸陣，輸陣不輸勢」，大家的氣勢此消彼長下，我們的贏面便有一半。

5.5　處理異議最高絕招 —— LRSCPA

除了上文所述，老闆也教了另一個處理議異的方法，就是 LRSCPA。最初我還以為這是俄文、法文的詞彙，原來這六個英文字，代表六個處理異議的步驟。

■ L = Listen 聆聽 ■

聆聽，顧名思義就是聽取客戶的異議，了解他反對的理據。聆聽時必須態度誠懇，予客戶有被尊重的感覺，切記在

他未說完觀點前，不要急着回應和辯解，以免令他覺得你並非站在他的立場上考慮問題，而是在硬銷產品，因而對你失信心。此外，亦要懂得選擇性聆聽（Selective Listening），一些打擊或影響你繼續銷售的說話就請「左耳入右耳出」，別放在心上。

■ R = Rephrase 改述觀點 ■

老闆原本教的 Repeat 是複述客戶的說話，但有時客戶的觀點太長，當中又有些不是重點，甚至詞不達意，複述只會製造悶局。所以我後來將這步驟修改成 Rephrase，用兩三句說話和一些中性字眼改述對方的觀點，確保沒有會錯意之餘，讓客戶知道你明白他。

■ S = Share 分享 ■

跟客戶分享經歷，既可以是第一身經歷，也可以是第三者經歷。老闆指，這是十分重要的一步，一來讓客戶覺得你明白他的顧慮，二來也較容易改變客戶看事物的角度。

需知道客戶有異議，主要是大家看一件事的角度不同，例如銷售保險產品時，你從全面保障的角度出發，保費自然貴，但原來客戶的心態是預算為上。要改變客戶的觀點是一件十分困難的事，然而，透過分享能巧妙地將我們的觀點灌輸給他，這便是所謂「先跟後帶」，先站在對方角度出發，然後再將他慢慢拉到自己的角度看事情。如果客戶認同你的觀點，你便成功了一半。

■ C = Clarify 澄清 ■

有時客戶會化身成問題少男或少女，當我們處理完一個異議，他們又有另一個，如此這樣就會進入一個永無止境的問答環節。試想，如果一個羊欄破爛了，羊羣走失，羊羣主人要做的第一件事不是捉羊，而是修補羊欄，否則捉到一隻羊回來，牠或是其他羊仍會再走失。而澄清的作用就好比修補羊欄，在銷售時，先讓客戶說出所有問題，然後接着問：「你還有甚麼問題呢？」直至他沒有問題之後，才一次過處理他的異議，這樣可省回不少時間和工夫。

■ P = Presentation 演繹 ■

當客戶再沒有問題後，你便可解答他的異議，這亦是公司的重點培訓部分，但能否將之活用出來則因人而異。

■ A = Ask 要求 ■

之後便是提出要求，如要對方付款、簽單等。老闆表示，如果跟足前五步去做，客戶已經認同你的觀點和接受你的產品，便會順利走第六步。如果你覺得對方仍沒有簽單的意思，很大機會是前五步還未做好，如此便要重做一次，直至他認同你為止。

我學會用 LRSCPA 拆解異議後，發現這方法萬試萬靈，簽單成功率大大提升。不過，老闆還叮囑我別放太多時間鑽研這方面，反而應該着重 Presentation，再次重申：「完美的

Presentation 是不會有 Objection 的！」

5.6 鄭笑揪

老闆教授處理異議時多次強調要冷靜，因為心一慌只會前言不對後語，令客戶對我們失信心。這個原則我時刻銘記心中，其中一次難忘的經歷更令我自豪至今。

記得在一個舊同學的飯局上，有十位朋友，其中兩位是我的客戶。由於我想向其他朋友傳達我做財務策劃的信息，而且服務專業，所以刻意裝作不經意，在眾人面前向那兩位客戶說：「你的賠償已經辦妥，甚麼時間方便給你支票？」「你的保單已經批出，何時可以送給你？」

誰知半路殺出一個程咬金，一位綽號「猥瑣仔」的朋友很不識趣地說：「你們這麼蠢才被 Wave 說服買保險，我就不會上當了。」他如此一說，我兩位客戶面有難色，而我真想揍他一頓。不過，我謹記老闆教導，凡事要冷靜，處變不驚，所以我抑制怒火，還靈機一觸想到反擊的方法。

我說：「猥瑣仔，你說得對，真的不是人人需要買保險。考考你，如果眼前有一大顆鑽石和一塊同等大小的普通石頭，但夾萬只有一個，只可放其中一件物件，你會選擇放甚麼？」猥瑣仔立即答：「當然是鑽石，還要問嗎？」我隨即說：「不錯，有價值的東西才需有保障，沒有價值的東西就不需要保障。」

猥瑣仔知道我在揶揄他後，激動得臉紅耳赤。我未有乘勝追擊，反而為他設下台階，説：「猥瑣仔，你如此聰明，又怎會不明這個道理？剛才你這樣説，無非是想試探我反應，看我有沒有資格做你的財策顧問。其實，我都知自己還未合格，但希望你給我機會跟你講解一下，可以嗎？」

　　這場「猥瑣仔的挑戰」，我巧妙地化危為機，獲得全勝，這件事後也有好幾個朋友成為我的客戶。事實上，我們每天都會遇到很多無理取鬧的人，若然每次都意氣用事，對我們絕對是有損無益，尤其是從事推銷，跟客戶鬧翻便等於失去生意，結果只是兩敗俱傷。

　　多得猥瑣仔，讓我領悟出「鄭笑揪」的反擊技巧。「揪」是廣東話，解作打人，「鄭笑揪」便是笑着反擊，當遇到來者不善的攻擊時，先要心平氣和，然後巧妙地用比喻或故事來反擊對方。但謹記最後一定要給對方下台階，為整件事打圓場。此舉除回應得體外，亦可讓人見識你的氣量，更何況永遠都是多一個朋友好過多一個敵人。

· 學習筆記 ·

1. 完美的 Presentation 是不會有 Objection 的,「簽單八步」每一步也很重要

2. 父子賣驢:不同人有不同觀點,活出真我

3. 蔣甲的故事,拒絕不是絕對的,也許只是一個觀點,這個觀點可以隨時間、環境、心情改變,既然如此,又有何懼?

4. 認清五類拒絕原因

一、沒有需要 No Need

二、沒有錢 No Money

三、沒有迫切性 No Hurry

四、沒有信心 No Trust(包括對顧問、公司、產品等)

五、沒有概念 No Concept(或對保險理財的概念存有誤解)

5. 處理異議最高絕招 —— LRSCPA

    L = Listen 聆聽

    R = Rephrase 改述觀點

    S = Share 分享

    C = Clarify 澄清

    P = Presentation 演繹

    A = Ask 要求

6. 鄭笑揪：心平氣和，笑着用比喻或故事來反擊對方，最後一定要給對方下台階，為整件事打圓場

6

有意義的挫敗

6 有意義的挫敗

6.1 OYSA

　　轉眼間到了 1998 年年中,不知不覺從事保險業接近一年。當時亞洲金融風暴席捲全球,亞洲區經濟遭受重創,香港亦不能倖免。商企陸續出現減薪和裁員潮,港人負資產的情況亦屢見不鮮,總之人人自危,一片愁雲慘霧。

　　猶幸當時我的客戶羣主要是 20 多歲的大學畢業生,他們受亞洲金融風暴的影響較小,事關他們根本無資產可蝕。另外,當時的裁員對象多是年逾 50 歲、較高薪的中年人,裁減一個這類人士可請回三至四個大學畢業生工作,在公司立場相當划算。如是者,此消彼長下,可謂時勢造英雄,我的業績竟然是鳳凰區的第一名,獲公司表揚。

◆ 1998 年年中奪得鳳凰區第一名。

在公司的年中晚宴上，我和老闆同枱，另一區域經理跟一位星味十足的女同事過來跟我老闆打招呼。他倆一臉自信，且聽到那位女同事剛拿到 OYSA，更覺他們為此自豪，相信那個獎項來頭不小。

那經理寒暄一輪之後離開，我隨即問老闆甚麼是 OYSA，原來這是由香港管理專業協會舉辦的傑出推銷員選舉，至今超過 50 年歷史，當中設兩個組別，25 歲以上參加「傑出推銷員大獎」（Distinguished Salesperson Award, DSA）；25 歲以下參加「傑出青年推銷員大獎」（Outstanding Young Salesperson Award, OYSA）。候選者不單止來自保險界，還包括銀行、地產、電訊等界別，只要工作與銷售有關的人士都可參加。參加者首先要在其公司獲得銷售佳績，然後由公司提名參賽，遴選時要撰寫文章、面試，還要考驗創意銷售，要突圍殊不容易，所以這個獎項又被譽為「推銷界奧斯卡」。

之後，我跟老闆說：「你之前只跟我提過 MDRT，原來還有這些獎項。那麼，除了 OYSA 外，還有甚麼？」

「還有一個傑出人壽保險經理大獎（Distinguished Manager Award, DMA），是由香港人壽保險從業員協會（LUA）頒發，我也曾奪這個獎。」

聽後，我隨即露出崇拜的眼神，老闆則笑說：「我們公司都有同事分別奪得這三個獎項，但就沒有一個人可以一次過贏得這三項殊榮。」

聽着，我十分興奮，躍躍欲試，就問老闆我能否競逐 OYSA，他想也不想便説：「當然沒問題，你現在只得 23 歲，還有時間去爭取。你已是鳳凰區第一名，現在先努力成為全公司業績的第一名吧，這樣公司才會提名你參加 OYSA！」

回家後，我馬上拿出腳架，架好相機，然後關掉全屋的燈，以牀頭燈作側光，拍了一幅「靚仔」照片，再用電腦做一張海報，翌日將之以彩色複印四份，一張貼在辦公室的座位上；一張貼在牀上的天花板，每天睡覺時躺下便可看到；一張貼在家中廁所門後，位置剛好如廁時可以看到；最後一張貼在家的大門後，我每天上班出門時都可看到，不斷提醒自己向夢想進發。

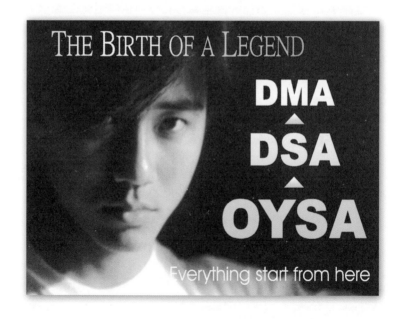

6.2　愈努力愈不幸

我在辦公室貼上自己的海報，師兄師姐路過時總會看到，因而竊竊私語，甚至取笑我不自量力、不知天高地厚。聽到這些流言蜚語，我當然不開心，幸而老闆知道後，不斷鼓勵我。

他說：「有句話『賤莫賤於無志』，人最卑賤的事不是沒有錢，也不是沒有面子，而是沒有志向。你有膽量為自己訂下遠大的目標，已勝過很多人，能夠達標固然好，不能也算盡了力。我又送你一句金句『勇謀大事而不成，強於不謀一事而成功』，放心去吧，我會全力支持你！」

得到老闆鼓勵，我重燃鬥志，並問他要攀升為公司的第一名，業績要如何。老闆於是翻查去年 OYSA 得主的業績，再按我過去簽單的平均金額和數量加以分析，估計我要每星期約見 20 個客戶才有機會達標。我聽到後也有點壓力，因為這意味連放假的日子也要工作。但想起一句金句「別在該拼搏的年紀選擇安逸！」我不趁年輕力壯時全力一拼，還待何時？於是，我對自己說：「我一定要全力以赴，做到最好。」

可是，結果往往不似預期，我愈努力，成績愈差，竟在 6 月交白卷，出現「白板」，至 7 月出盡九牛二虎之力也只能簽到兩張單，這是從未發生過的事。如果因為我懶惰，不見客，我死得明白。但我明明比以往努力，卻倒楣。很多客戶說要回家考慮，不願意即時簽單；就算肯簽，都因健康問題以致保單不獲批；連一些主動找我的客戶也簽不成。「為甚

麼會這樣？是否我的保險蜜月期已過？從前的一切也只是幸運？我是否還適合做這行業？」這些負面想法開始湧現，內心乾着急，滿腔無奈、無助等不安情緒。

6.3　新人四大雷區

當我正為強差人意的業績煩惱時，公司便為業績一般的同事在大專會堂舉行了一個激勵大會，並邀請一位大學教授和我老闆做演講嘉賓。我的成績不差，但由於老闆是講者，作為鐵粉必定捧場。

記得當天大學教授先演講，我覺得內容非常沉悶，聽不入耳，更幾乎睡着，恨不得時間快些過去。但輪到我老闆演講，他用厄爾尼諾現象入題，帶出一連串與保險工作相關的事，演辭妙語連天，有趣生動，帶來一番激勵。

之後，我和一班同事到後台找老闆，正當我想吐槽説：「那位教授説得……」老闆馬上截住我，「Wave，你也留意到？剛才那位教授講得極精彩。」然後，他把教授的演講內容扼要地總結一遍。

不知何解，老闆説的與教授講的內容相若，但總覺得老闆説得特別動聽。那刻，我把批評教授的話唰一聲吞下去，同時反問自己為何發掘不到其優點？究竟我是來學習？還是來批判別人呢？

反思後，我明白一件事的意義只在你的觀點與角度。老闆看到教授的演講精彩之處，是因為他思想正面，且經常處

於學習狀態，就算此刻送他一堆糞，相信他也能樂個半天。而我呢？因為帶了墨鏡，凡事在我眼內都是灰灰黑黑，過去兩個月業績不理想，我竟立刻失去信心和懷疑自己。

為了儘快脫離負面情緒、找出失敗原因、重拾「射門鞋」，我主動找老闆替我做 Review，並得知我的問題源於四方面。

■ 一、過分心急 ■

以往我完成「簽單八步」一般花約兩小時，如今一星期要見 20 個客，我見每個客的時間便由兩小時縮短至個半小時，結果某些步驟未做好便跳到下一步，影響了成交。例如，我有很多保單過不了核保，原因是我設計計劃書時忽略了做健康問卷，我不知客戶的病歷就出了一份俗稱「全保」的全面保障計劃書，結果不是不獲批就是要加保費。老闆表示，向客戶推介他們買不到的計劃是十分不專業的行為，提醒我以後一定要先做健康問卷才出計劃書，還要再問多一次對方：「有沒有一些我應該知，但未知的事？有沒有一些保險公司要知的病歷尚未交代？」如此便萬無一失。

■ 二、驕兵必敗 ■

由於我之前奪得區內業績第一名，於是變得驕傲。如果客戶跟我說要考慮一下，我就覺得跟我買的客戶還多，因而輕視他。如果客戶不跟我買，我就覺得他「沒有眼光」，不選我做財策顧問是他「走寶」。我忘記入行時那份初心、那種

飢餓感，不懂珍惜每次見客的機會，更沒有秉持服務業應有的態度。

保險是很特別的產品，很少人主動買。如果為客戶心態評分，0 分是完全不肯買保險，10 分是主動求你賣保險給他，很多客戶都是處於 3 至 7 分，即買與不買之間。當我們見客戶做完「簽單八步」，很多時他們已接近 6、7 分，但如果我們不好好把握機會，放鬆手腳，客戶買單的意慾便會跌回 5 分，客戶買與不買便要靠運氣，我在過去兩個月便犯了這個毛病。

■ 三、多言多敗 ■

因為驕傲，我自以為對保險認識多了，便在客戶面前賣弄專業知識，讓他們覺得保險很複雜，衍生很多不必要的問題或異議，到頭來他們要花更多時間消化和考慮。反而我還是新人時，由於所知不多，大部分內容都按足「簽單八步」去做，簽單成功率反而更高。

■ 四、不懂自律，莫講自由 ■

我們團隊有一個制度，就是業績位於首 20 名的同事可以彈性上班，毋須強制出席早會和培訓，只要每天下午 5 時前回公司報到便可。因此，我選擇早上沒客戶見便睡至日上三竿，或利用早會和培訓時間來見客，如此這樣，長期孤軍作戰，見客遇到困難，沒有師兄師姐勉勵或出謀獻策，心情反而日漸低落。

事實上，財務策劃是一項講求士氣、氣氛的工作；當我每天回公司出席早會，見見同事，互相勉勵，甚至被他們的驕人成績激勵，也能令自己做好一點。而這件事令我深深體會自律的重要性。

經過老闆一輪指點，我才得悉自己如此多問題，尚未學滿師的我，仍需他提攜、帶領。所以，我繼續虛心向他請教，「驕傲來自淺薄，狂妄出於無知」亦成為我的座右銘。

6.4　老夫少妻的意外

跟老闆一輪檢討後，雖然我知錯，但狀態一時間難以回勇。老闆就建議我約一些舊客談談近況，一切從 Simple Mind 出發，不一定以簽單為目標。於是，我聽從他的建議約見客戶，心情輕鬆了不少，客戶亦覺得我視他們為朋友，所以彼此的感情增進很多。

在這段時間，我的客戶李先生因一場意外入院，令我重新認識自己的工作。先介紹李先生，他 50 多歲，與 30 多歲的妻子育有一名女兒。李太有位親人乃玄學高人，高人早算出李先生會有血光之災，所以想買保險以防萬一，因而約我於一個跑夜馬的週三晚上，在旺角一間茶餐廳見面。由於李先生不認同買保險，故我和李太便安排他坐在卡位的靠牆位置，李太坐在外邊，以防他逃走。我按「簽單八步」向李先生解說，但他顯然不耐煩，亦不合作，還說了一句很難聽的話：「買保險有甚麼用，得益的只是其他人！」

此時，李太臉有難色，一副欲哭無淚的樣子。我也許年少氣盛，竟然忘記李先生是客戶，「嘩哩巴啦」教訓了他一頓；不知是我太正氣凜然，還是他急着回家賭馬的關係，未幾他屈服說：「好了好了，在哪裏簽名？」聽他的語氣，肯定心不甘情不願，但我站在做生意的立場，也不理這麼多，與他核對資料後，便簽了這張單。半個月後，我送保單給他時，仍感覺到他的不悅。

■ 盡心盡力改變客戶態度 ■

過了一段日子，李先生竟如那位玄學高人所說發生意外。話說他帶女兒到遊樂場玩，他從一個「冰冰轉」的遊戲設施上跳下時跌倒受傷，更需途人幫忙報警召救護車，我隨即收到李太通知，第一時間趕到急症室。

經過醫生診斷後，李先生跌斷了股骨頸，情況非常嚴重。因為倘若骨頭內的血管斷裂得多，股骨頭便會枯死，那便要換金屬骨頭，且要每幾年更換一次。所以，醫生建議病人或家屬簽同意書立即進行手術，鑲數顆釘進股骨頸固定位置，避免血管再斷。然而，就算手術成功，他未來也不可以站立太久。這對身為廚師、需長期站着工作的他而言確是打擊，醫生知道後也只好建議他轉行。

李太聽着，一來擔心丈夫身體，二來擔憂全家頓失家庭支柱，一時不支暈倒，幸而我剛好在旁扶着她。李先生則十分冷靜、理性，立即決定請醫生替他做手術，並在牀位長期供不應求的政府醫院只休養了七天便出院。

由於他住在沒有升降機的唐樓六層，以他當時的狀況根本不可能上落樓梯，更不要説每隔一天回醫院做物理治療。於是，我建議他出院後立刻轉到私家醫院繼續接受治療，惟他最擔心的是龐大的住院費用，我則拍心口答應為他儘快辦理保險賠償，令他一家遭受的影響減至最低。

最後，他接納了我的建議，但想不到一住便是五個月。由於醫院每三天結賬一次，於是我每隔三天便到醫院取單據辦理賠償。而在保險公司和醫生的體諒和配合下，他們只於住院首星期付過兩次錢，之後便利用賠償金支付餘下的賬款，再加上入息保障賠償，他們整個家庭的生活費也得到照顧。

■ 重拾做保險的初衷 ■

經此一役，李先生對我的態度 180 度轉變，由最初抗拒我，到後來視我為朋友。他還不斷在醫院替我賣廣告，跟很多病友及其家人説買保險很有用，一定要買，還要跟我買。有一次，他們不知怎樣知道我生日，暗自煮了一鍋田雞飯為我慶生，真是一個極大的驚喜。

這個家庭在保險的協助下順利渡過難關，而最開心的是李先生出院後竟可以奇蹟般地繼續做廚師，一年後更可以跑步。這極可能因他得到充分休息和適當治療才有的美滿結局。

這對老夫少妻的意外經歷，令我重新體會保險工作的意義，提醒我工作不單是賣保險，更不是只顧追求業績和獎項，而是幫人，且不是幫一個人，而是幫一個家庭，保護他

6 有意義的挫敗

李太的故事

們的幸福不被任何人生風險所破壞。曾經,我為了奪獎而追數,忘記了這份工作的意義。但經過此事後,我才發現每個客戶有健康愉快的生活就是最好的獎項。我跟自己說,我喜歡得獎,但更喜歡做保險,從今以後,我會把焦點放回客戶身上,享受工作,做好本份。

◆ 這個家庭亦被公司邀請接受傳媒訪問。

· 學習筆記 ·

1. 賤莫賤於無志

2. 勇謀大事而不成，強於不謀一事而成功

3. 別在該拼搏的年紀選擇安逸

4. 新人四大雷區

   一、過分心急

   二、驕兵必敗

   三、多言多敗

   四、不懂自律，莫講自由

5. 老夫少妻：我喜歡得獎，但更喜歡做保險，從今以
   後，我會把焦點放回客戶身上，享受工作，做好本份

7

Closing 七武器

7.1 阿婆賣蛋 萬試萬靈的保險概念

當認清工作意義後，我重拾工作動力，第二度走出事業低潮。老闆看到我狀態好轉，再傳授一些營商「秘笈」，助我更容易成功簽單，收復 OYSA 的進度。

保險術語有個詞彙叫 Closing，意指當你講解完計劃書後，便要令客戶簽單及付款，完成交易。老闆說，Closing有七個小技巧，叫作 MILDBAR。

M = Motivate the Prospects 激勵客戶

I = Implied Consent 潛移默化 代替決定

L = Little Decision 封閉式小決定

D = Danger of Uninsurability 未受保風險

B = Benefits 好處

A = Alternative Proposal 減額 / 轉換計劃

R = Real Reason 以退為進 尋根究底

所謂 **Motivate the Prospects**，就是用一些小故事去啟發客戶。事實上，很多人消費不是出於理性，而是出於感性。所以，我們宜用一些故事去激發他們買保險的慾望，然後再介紹計劃書，這樣便會事半功倍，這招對聯想力豐富的女性尤其奏效。

這其實亦是「簽單八步」中的第三步「概念講解」，不過這是一門易學難精的學問，要累積一定經驗才做得好。老闆

特別教我四個有趣又令人印象深刻的理財概念，放諸大部分客戶都適用。第一個就是「阿婆賣蛋」。

話説有一個婆婆在鄉郊養雞過活，每天運送雞蛋到市集賣，路程又長又崎嶇，雞蛋難免會跌爛，幸運時只跌爛兩三隻，但有時跌爛十多隻，最倒楣的一次是手推車翻側，所有雞蛋爛掉。

有一天，婆婆又準備推車往市集賣蛋，一位年輕人叫停她，説要跟她做個交易，只要她出發前給他五隻雞蛋，如果她途中跌爛一隻蛋，他便會賠她一隻，跌爛五隻便賠五隻，跌爛十隻便賠十隻，全部跌爛則獲全數賠償。如果行程順風順水，年輕人還會把早前婆婆給他的五隻雞蛋連本帶利共八隻雞蛋還給她。

老闆問我：「如果你是婆婆，你會給年輕人多少雞蛋？」

「當然全副身家！」

「那你想這安排現在開始，還是一個月後或一年後才開始？」

「當然立即開始，因為如果今天跌爛雞蛋，馬上有賠償嘛。」

「對，所以我會跟客戶這樣説：X 先生，人生路漫長，難免會遇到意外，就像婆婆去市集途中跌爛雞蛋，跌爛一隻雞蛋如扭傷腳，只是小意外；但跌爛五隻雞蛋如入院治療；跌爛十隻雞蛋就如患上危疾；全車打翻等同身故離世。婆婆付出的五隻雞蛋是保費，於年輕人手上取回八隻雞蛋就是退休

金。剛剛你好像説會投放全副身家,還有你想現在開始這安排,對吧?」

別説是客戶,我聽完阿婆賣蛋的故事後,也會心動想立即投保。

7.2　帆船　針對中產必備武器

阿婆賣蛋的故事,主要用來應付一些對保險沒有太多認識的客戶。但對於一些中產人士,他們除了關注保障之外,對理財規劃都有一定需求。老闆便教我另一個理財概念:「帆船」。

一艘帆船有甚麼?有帆、船身、救生圈、船長,以及船長的家人。如果帆船的帆太大,船身太小,會怎樣?沒錯,就是大風大浪時會有翻船危機。而如果帆太小,船身太大,那麼船會行駛得很慢。所以,帆和船身比例一定要適中。

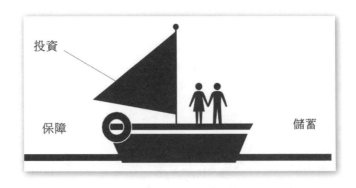

以之比喻理財，帆是投資，船身是儲蓄，救生圈就是保障。如果投資過多，儲蓄太少，即是帆大船身小，在順風順水時，財富當然增得很快，然而當遇上經濟逆轉，便很容易翻船。若然儲蓄太多，投資太少，即是帆小船身大，財富增長會很慢，你便很難實現人生目標。

如果你的帆和船身比例適中，救生圈只得一個，可以出海嗎？不可以，因為船上不只一個人，倘若發生意外，便不能保全船人的性命。換句話說，家庭若然沒有足夠保障，就像帆船沒有足夠救生圈。那麼，你又有沒有能力保護你和你的家人呢？

現在有足夠救生圈了，可以出海嗎？不可以，因為缺乏船舵！甚麼是船舵？財務策劃就是船舵，它幫你達到目的地，實現「財務自由」，英文為 Financial Freedom，Freedom 一字延伸出相關範疇如下：

F = Finance 財務

R = Retirement 退休

E = Education 教育

E = Estate 遺產

D = Disability and Disease 傷病

O = Obligation 責任

M = Mortgage 按揭

帆船七式

Sailboat Concept

老闆表示，每個人對這七種財務需要的重視程度不同。所以講解完後，便可請客戶依次將較重視的排列出來，但無論結果如何，最後都要說：「非常好！若我有一個方法能助你實踐財務自由，你有沒有興趣了解？」應該沒有客戶說沒有，所以你便可以繼續「簽單八步」中的第四步了。

7.3 新魚骨圖 一次過賣三張單的方法

做事有效率，自然事半功倍。尤其是理財策劃師時間有限，每天最多只見五個客，就算全月無休，開足 30 日工，也只能見 150 個客。

當然，如果每次都能一擊即中，一見客即簽單，收入也是可觀的。但世事那有這麼完美，每個客戶都要花時間建立關係，很多時要見幾次才能成功簽單，如果簽單率有三分之一，已屬相當不錯的成績。

面對時間有限的問題，其中一個方法是提升簽單率，由三分之一提升至 50% 甚至更高，另一個方法就是一個客簽三張單。

老闆教的眾多招式中，其中一式正是一次過簽三張單的方法。記得當時他拿出一張「理財魚骨圖」，然後配上以下描述，萬試萬靈。

老闆：「知不知道財富是怎樣來的？」

客戶：「當然是打工賺回來的。」

「但你有沒有一些同事，他的工資和你差不多，可是他卻比你富貴，有沒有想過原因？」

「他們懂得投資，會錢搵錢。」

「對！錢搵錢十分重要，但要做到錢搵錢，首先要有一筆閒錢，而這筆閒錢又從何而來？」

「儲回來。」

「對！儲回來。我們必須透過一個 Regular Saving System 儲蓄習慣系統，幫我們儲到這筆閒錢。所謂儲蓄系統，就是先將我們的收入，拿出一部分作為儲蓄，剩下的才用作消費。這個儲蓄習慣要持之以恆，風雨不改。如果相反，出糧後，先消費後儲蓄，這樣很多時都儲不到錢。是否同意？」

相信很多客戶都不會反對。此時大家可以隨即說：「在儲蓄過程中，一般都沒有利潤。但其實一個好的儲蓄系統，在儲錢過程中，已經可以做到錢搵錢。」

大家此時就可以向客戶解釋，儲蓄計劃種類可細分為長期合約計劃、中期合約計劃及短期非合約計劃。短期計劃雖然資金靈活性較高，但回報卻低。長期計劃剛剛相反，回報高靈活性低。中期計劃則集兩者所長，有不俗回報之餘，亦不失理財彈性。

老闆：「你覺得應該將儲蓄怎樣分配？全投放在短期？還是全部長期？還是每個部分都有一些？」

客戶：「每樣都有些會較好！」

「對，一個完善的理財策略，要有長、中、短期部署，不能側重於任何一方。至於怎樣分配，則要取決於你有多少閒錢。如果閒錢多，意味資金流動性十分高，基本上短期計劃可少一些，甚至乎完全不做亦可。但中期及長期計劃，仍然要做。唐突點問句，你認為自己現在的理財狀況，算不算完美？如果 10 分為滿分，你大約會給自己多少分？」

由於大部分客戶都不會滿足於現有財富，所以一般都是給一個中位數，大約是 4 至 7 左右。不論他們給甚麼分數，只要不是 10 分滿分，你都可以如此回應。「如果我有一些方法可以將你的理財狀況，提高至更高分數，你有沒有興趣聽一聽？」

老闆這個「理財魚骨圖」，可以說一網打盡各種可能，如

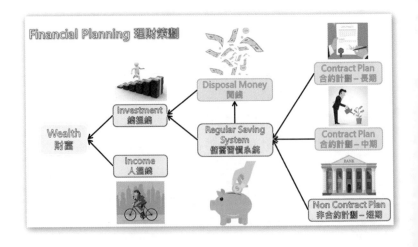

果客戶沒有中期或長期計劃，便可以專注銷售這類計劃。如果他們甚麼計劃也沒有，就可以一次過遊說他們買三張單，總有一種或更多產品適合客戶。

7.4 現金流概念 開拓上進中產市場最佳工具

老闆教的最後一個理財概念，是針對上進中產客戶的「現金流」。這個概念出自名著《富爸爸‧窮爸爸》。

話說世界上可分為三類人：窮人、中產和有錢人。窮人就是沒有錢的人；有錢人是有很多錢的人；中產是自以為有很多錢，但實際上沒有。這三類人的現金流模式都不一樣。

窮人會將工作收入全花在衣、食、住、行等開支上，沒有多餘錢作儲蓄或投資，所以窮人根本不會有資產或負債。

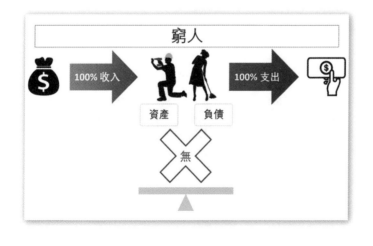

中產則喜歡把收入花在負債上，包括房貸、車貸、信用卡貸款、健身和旅遊等，而償還這些債務就變成每月支出，最後仍會把錢花光，沒甚麼資產。

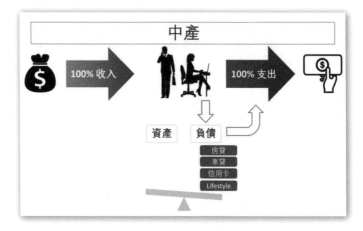

有錢人則不一樣，他們會將部分工作收入購置資產，包括股票、債券、基金、物業等，那些資產帶來的回報又變成他們的收入，然後再用作購置更多資產，錢賺錢不斷循環，財富愈積愈多，這就是為甚麼窮人愈窮，富人愈富。

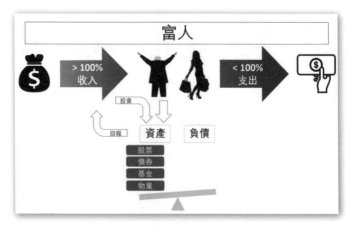

所以，我們可跟客戶這樣說：「X 先生，請問你現在處於窮人、中產和有錢人哪個階層呢？對，事實上，大部分人都身處中產階層，不過我相信以你的才幹和智慧，只要把握時間努力，你一定可成為有錢人。但如果不幸發生意外，時間運用上也許不能自主，那就很有機會淪落為窮人，這是我們不願看到的情況。所以，我們的工作就是幫中產創造財富，擁有有錢人的現金流。如果我有個方案可為你創造最少 500 萬元的資產，那麼你和你的家人便不用擔心會生活於窮人的現金流，你有興趣聽嗎？」

老闆教的四個概念，鋪排有序，心思慎密，能逐步引導客戶認清其財務需要，萬試萬靈。我實在獲益良多，藉此簽下不少保單，亦是我連續多年獲得 MDRT 的秘技之一。

7.5　潛移默化及代替決定

上述三個故事只是 MILDBAR 中的第一個武器，第二個武器 Implied Consent 更好用，亦最常用，可分為兩個部分，上半部分是潛移默化，下半部分是代替決定。潛移默化就是重複說「是」，正如老闆問我：

「你小時候曾否被問：黑貓是甚麼顏色？白貓是甚麼顏色？熊（廣東話與「紅」同音）貓是甚麼顏色？」

「有呀！」

「那你第一次答最後一條問題時，有沒有答錯？」

「有，但之後不再上當了！」

「其實，當我們被問黑貓及白貓的顏色，答過黑貓、白貓後，就彷如被催眠或被捉心理，到被問熊貓的顏色時，便很自然受之前的答案影響而答紅色，這就是潛移默化。所以，如果沒有前兩條問題，答錯機會便大大降低。同樣，如果我們想在銷售時百發百中，也可用類似技巧，做法是首先保持笑容，再以堅定自信的眼神直視客戶，然後問類似以下的引導式或封閉式問題。當然最關鍵的問題要留到最後：

『我剛剛講解得清楚嗎？』『清楚！』

『你覺得保障範圍全面嗎？』『全面！』

『保障額呢，足不足夠？』『足夠！』

『你給的保費預算適中嗎？』『適中！』』

老闆提醒，很多財策顧問以為這樣就完事，彷彿在等客戶簽單，但其實很多時你只會等到對方說：「我回家考慮一下！」所以，我們要主動出擊，幫客戶做一個決定。例如：「謝謝你，那我們完成餘下的手續吧！」說時微微點頭，把投保申請書和筆遞給對方，那就更快水到渠成。

7.6　隱藏式指令

老闆問我：「簽單時，如果客戶問：『要現在買嗎？』，該如何回應？」

我思考一會，「難道客戶有地方不清楚，我要再解釋一遍？」

「這樣便會浪費時間！其實，如果你有信心，可直接答『是！』，然後把投保申請書和筆遞給對方。」

「這麼直接？不太好吧？」

「做慣了便可以；如果你真的不習慣，可以用隱藏式指令。」

老闆解釋，隱藏式指令就是利用人的潛意識會刪除一些負面字眼（如「不」）的方法。舉例說，父母見孩子在哭，叫他不要哭，他只會愈哭愈大聲。

事實如此，所以我該這樣回應：「你不一定要今天買，買不買是你的選擇，是選擇你有病時，有保險公司幫你付醫藥費，還是選擇傾家蕩產去籌醫藥費？」這樣成功簽單的機會自然較高，因為客戶腦中會刪去「不」字，變成「你一定要今天買。」

老闆又提醒，用隱藏式指令時，若配合說話聲調，效果更顯著。我們一般說話用平調敍述事情，但當我們提出疑問如「你要？」，尾音便會自然而然地提高。而當我們發出指令如「你要！」，聲調自然較低沉，客戶會簽單的機會也較高。

7.7　封閉式小決定

老闆表示，很多財策顧問常犯一個毛病，就是在解說計劃書後，問「你有甚麼問題？」、「你有甚麼不清楚嗎？」、「你覺得這計劃書怎樣？」這些開放式問題，令客戶滔滔不絕，很難成功簽單。

就此，我們在成交時，一定要用上 MILDBAR 第三個武器 **Little Decision**，即利用一連串封閉式問題誘導客戶簽單，例如問：「如果你買的話，受益人填父親還是母親？」、「年供還是半年供？」、「付款用支票還是信用卡？」……這些問題的答案是二選一，極之易答。而如果客戶答用信用卡付款，你便用代替決定那招，續問：「你的信用卡是哪間銀行的？拿給我看看！」屆時一卡在手，生意還不手到拿來？

■ 未受保風險 ■

MILDBAR 第四個武器是 **Danger of Uninsurability**，強調未受保的風險，簡單來說就是「靠嚇」。老闆表示，有些客戶沒有人生目標，做事又沒有計劃，而買保險是人生規劃的一環，應付他們便要用上這一招。

有時我們可以分享自身經歷或親友的故事，以強調未受保的風險，以及出事後對自己和整個家庭的負面影響，如不幸家人患癌，為應付龐大的醫藥費，便要賣樓賣車，令全家生活出現巨變；若轉投政府醫院接受治療，礙於人手短缺，輪候診症時間長，小病變大病……諸如此類都能令客戶深思投保的重要性。這一招對悲觀的人和女性特別有效。

7.8 FAB

MILDBAR 的第五個武器是 **Benefits**。我問老闆：「在演繹計劃書時，不是已說了產品的好處嗎？」

「這裏不是強調產品的好處，而是客戶買了產品的好處。坊間有個市場推廣法則 FAB，代表銷售中的三個層次，第一層是 Feature（F），即產品或服務特點；第二層是 Advantage（A），即優點；第三層是 Benefit（B），即好處。」

■ 第一層次：Feature 特點 ■

舉例，我賣手機，力推其 6 吋屏幕、解像度 2280 x 1080、相機 1,200 萬像素、前後雙 Leica 鏡頭、4G RAM、64G ROM、機身厚 8 mm、電池達 3,060 mAh 等，全都是 Feature，對此有研究的人當然明白，否則便像聽一堆摩斯密碼，予人感覺冰冷無感情，難免令人抗拒而影響銷情。同樣，有很多財策顧問只依計劃書直説，犯的就是這個毛病。

■ 第二層次：Advantage 優點 ■

想銷售成績更上一層樓，便需要提升優點。續上例，推銷手機指出屏幕很大、影像高清、機身夠薄又夠輕、電池耐用；如此形容，客戶便容易掌握產品的優點，對我的推銷印象也加深。

■ 第三層次：Benefit 好處 ■

接着是最高層次，就是將產品的優點與客戶的需要連繫起來，讓客戶知道選用產品的好處。舉例説，告訴客戶手機屏幕大更適合看影片；名牌相機鏡頭拍出的相片更美；CPU

快和記憶體大,打機更流暢,勝出的機會更大;電池耐用,兩天也不用充電,方便得多。這樣推銷,關鍵是提升客戶對產品的興趣和需要,刺激消費,便能夠促成生意。

除了活用 FAB 外,老闆説出三個運用 Benefit 的小技巧。第一,要懂得將保費金額大化小,以免客戶覺得貴,如每年保費萬多元,便可將之以每月、每日計算。例如,一年 12,000 元保費,説成每月 1,000 元或每天 33 元,33 元可能只是一個早餐的價錢,客戶聽起來便會覺得划算。

第二,要活用推廣計劃。保險公司不時有優惠,如某時段有保費回贈,或有禮物贈送,這些都是促使客戶提早投保的誘因。

第三,用上保險之父 Ben Franklin 的成交方法。如遇到客戶最終都不肯簽單,説要再考慮,原因不外乎在三思好處和壞處,此時便要拿出紙筆畫一條直線,請他在一邊列出買保障的壞處或代價,來來去去都是交保費一個代價。另一邊,我們就寫出投保的好處,愈多愈好。客戶只要看到好處多過壞處,便會軟化,順利進入成交的環節。

7.9 山不轉路轉

很多從事保險銷售的新人,一聽到客戶説「現在不買,要再考慮」便會驚惶失措,且因不想失去生意,態度變得催迫,此舉只會令客戶對買保險更感厭惡。

老闆説,遇着這種情況,便應回應:「放心!明白你要考

慮，你考慮完再告訴我吧。講開又講，有一件事想你幫忙，我有一個習慣，就是每次出完計劃書和見完客後，我也希望得到客戶的反饋，藉此提升專業性和客戶服務質素。你可以幫我嗎？」一般來說，客戶也願意幫忙。

然後，你便以開放式問題開始：「謝謝你！請問你覺得這計劃書怎樣？」客戶礙於情面，一般會說頗好的。這些意見其實有等於無，所以你在細項上要深入地問，例如：「保障範圍呢？」、「人壽保額呢？」、「危疾保額呢？」、「意外保額呢？」、「計劃年期呢？」、「保費呢？」最後客戶可能會說：「其實計劃書的細節無問題，只是我在考慮受益人是誰。」我們一定要尋根究底，得知客戶在考慮甚麼，否則便不能解決他的問題，白白浪費一個寶貴的簽單機會。

然而，有些客戶確實不知自己在考慮甚麼，為協助他們整理思緒，老闆教了以下實用的方法。

「X 先生，我想得到你的一些意見。剛才我講解了計劃書的一至十四項，麻煩你圈出喜歡或滿意的項目。」期間，你續說：「你有保留的項目，麻煩你打上交叉。」待他完成後，針對他沒有打交叉又沒有畫圈的項目反問：「相信這些就是要考慮的部分吧？」當收窄了討論範圍，你便可以用上兩段所學的技巧釐清客戶的問題、需要，並按此去修改計劃書。

若客戶仍然不想此刻做決定，你便可說：「明白的，我想請教如果你是歐洲團領隊，起行時，一個團友遲大到，很有可能趕不上，你眼見飛機快將起飛，會選擇犧牲行程等這位團友一起乘下班機，還是先讓其他人上機，再請那位遲到的

團友自行乘下班機前往目的地匯合大家呢？對！正常都會選擇後者。其實，買保險亦一樣，你圈出的範圍是你確定需要的，那我按你圈出的項目，重新幫你做份計劃書，讓你儘快受保。那些沒有打交叉又沒有畫圈的，你再想，想好後再補回在這份保單內。這樣安排是否很好呢？」

聽罷，我隨即問老闆：「過去有些客戶的健康早有問題，還說要回家考慮，對於這類客有甚麼辦法？」

「你可以說，X 先生，其實在你考慮會否買保險時，保險公司也在考慮會否賣給你。當你考慮良久才決定買，保險公司也許最終會拒保，那你之前所花的時間就白白浪費。與其這樣，倒不如先入表申請，看看保險公司會否受理你的個案，並開出甚麼條件。如果受理，屆時你再考慮還未遲。這樣安排是否更好呢？」

利用以上方法，便可輕易得悉客戶的想法，這就是 MILDBAR 的第六個武器 **Alternative Proposal**。當原定的計劃書不被接納，便要靈活變通，用新的計劃書取代。山不轉路轉，路不轉人轉，所以世上沒有不變的策略。

7.10　以退為進

除非客戶有強烈的投保需要，加上「簽單八步」做得很完美，你才能在首次會面成功簽單；否則，大部分財策顧問都要跟客戶面談至少兩三次。老闆直言，與客戶面談，最少要運用 MILDBAR 中五種不同方法；例如 M 不行時便要用 B，

B 不行便要用 A 等等，若用了四個不同方法後，客戶仍無動於衷，便要出動終極武器 **Real Reason**「以退為進」這一招。

「不打緊，雖然今天我未能為你提供保障，但我很高興交到你這個朋友。」然後你可準備結賬及收拾東西，期間不經意地說：「X 先生，我實在有點想不通，剛才交流，你覺得公司、我、計劃、保額、保費各方面都 OK，為何還要考慮？你做好人，說個真正原因給我聽吧！否則我會整晚失眠。」

由於客戶以為已完事，便放下戒心，較易說出真正的顧慮，例如想回家比較其他產品等，你便可乘機說：「你早說嘛，其實我也準備了其他公司的資料，給我多一點時間再聽聽吧！」如此便有機會挽回一單生意。

· 學習筆記 ·

1. Closing 七武器 —— MILDBAR

M = Motivate the Prospects 激勵客戶

I = Implied Consent 潛移默化 代替決定

L = Little Decision 封閉式小決定

D = Danger of Uninsurability 未受保風險

B = Benefits 好處

A = Alternative Proposal 減額 / 轉換計劃

R = Real Reason 以退為進 尋根究底

2. FAB

Feature 特點

Advantage 優點

Benefit 好處

8

Keep Going?
Keep Growing

8.1 傲慢女的激勵

我於 6、7 月都無業績，幸好老闆及時幫我調節心態和傳授「Closing 七武器」，加上處理老夫少妻的個案令我重拾工作的意義。8 月，我的生意終於回穩。然而，在足足落後一個季度下想獲得 OYSA 的入場券，一定要在最後一季比別人更努力，追回失地。

記得 9 月初，在公司一個業績打氣大會上，後勤同事跟我介紹 OYSA 的主要競爭對手 Monica。我見她與我年紀相若，便先禮後兵，跟她打招呼。誰不知她十分傲慢，拋下一句：「對不起，我不是要贏你，我是要贏 OYSA！」她當天那副嘴臉，我至今仍歷歷在目。受她刺激，我心裏那團火燒得更熾熱，心想：你腦袋有毛病嗎？有的話便吃藥吧！好！我不是要贏 OYSA，我是要贏你！

這一幕剛巧讓我的師兄看在眼裏，他走上前跟我説：「Wave，打敗她！為我們男性爭光。我支持你！」原來多年來，從未有男性財策顧問奪過 OYSA 的殊榮，原因是女性普遍較早熟，辦起事來較專注和有決心，反觀大部分 20 多歲的男生仍不定性，很多時到 30 歲後才成熟一點，所以 OYSA 向來都是女性天下。

得到師兄打氣，我心情稍為平復，但我第三季表現強差人意，要追回失地並不容易。我向師兄坦誠交代情況，師兄隨即説：「不要緊，我傳授你另一絕招，助你反敗為勝！」

這位師兄是一位簽單絕世高手，江湖傳聞他簽單成功率

有 90%，有他無條件傳授秘技固然是幾生修到，但一想到老闆剛教我「Closing 七武器」，便問師兄其絕招會否與之相衝，走火入魔？

師兄笑説：「『Closing 七武器』主要是在成交時用，我現在教的是事前準備。你知否天下無敵的功夫是甚麼？」

「不知道，是甚麼？」

「是準備功夫！與七武器一起使用，威力無窮！」

我聽後十分興奮，連忙叩謝師兄。

8.2 六個一次簽單的關鍵問題

師兄問我：「Wave，你要見一個客戶多少次才可以簽單？」

「見三次吧，先跟客建立互信關係，繼而加深了解，況且很多客不會一見面就買單，多見幾次可表現誠意。」

「三次太多了！根據國際保險研究機構的調查，最多顧問於第二次見客時成功簽單。那你又猜猜，第二多成功簽單的，是於第幾次見面？」

「第三次？」

「是第一次！之後才是第三次。基本上，見客次數愈多，簽到單的成功率愈低。」

■ 見面愈多愈不專業 ■

事實上，很多新入行的同事都以為見一個客愈多，便愈能表現誠意，但這樣反而予人不專業之感。

師兄見我一臉惘然，於是舉例解釋。我們找西裝師傅度身訂造西裝，一般預期見他三次；第一次度身，第二次試身，第三次便可拿到西裝。如果客戶要試數次身，不但覺得麻煩，亦會認為西裝師傅功力不夠，或是猜他遺失客戶資料等等，總之對他留下壞印象。

做壽司亦如是，傳統用三手握好一件壽司，如果手數太多，人體體溫影響魚生的鮮味，所以被稱得上壽司殿堂級師傅都是用最短時間、最少手數完成一件不會鬆散、大小適中的壽司。反之，用多於三手完成壽司的師傅，只會被視為實力不足或是新手。

■ 要有一次簽單的決心 ■

再說保險業，事實不是很多客戶對保險產品十分有興趣，喜歡聽相關介紹。他們大多只想要保障，有人為他們理財，事關他們根本沒有時間去研究金融產品。所以，一個財策顧問如果歎慢板，不斷向客戶介紹不同產品，反而是折磨客戶，令客戶覺得他不專業，不了解其需要，不能提供合適他們的方案。

聽完師兄解釋，我有點頓悟，但還是摸不清一次簽單的竅門。此時，他解釋：「要一次簽單，謹記兩點：第一，每

次見客一定要以一次簽單為目標，萬一失敗還可以第二次補上，但絕不超過三次。假如每次心裏也想着還有下次機會，即場簽單的成功率便會大減。第二，要懂得以終為始，以結果去鋪排整個銷售程序，務求在今日簽單。」

「你説的我都明白，但如何以逆向思維令客戶即日簽單呢？」

「只要問自己六個問題：

一、客戶為何要買單？

二、他為何要跟你買？

三、為甚麼是這個預算？

四、為甚麼要買這個計劃？

五、為甚麼是這個保額？

六、為甚麼要現在買？

就算客戶沒有問以上問題，在見他們前，必須根據你對他們的了解，想好這六個問題的答案。而且，在他們提問前，率先把答案演繹一次，他們便會覺得你十分了解其需要。如此這樣，第一或第二次會面已可簽單的機率自然大增。」

師兄如此一説，我恍然大悟，「只要我們每次都能從客戶角度去設想，解決他們的疑問，客戶基本上便沒有拒絕的理由。」

100% MDRT
簽單神技

「沒錯，我們要替客戶解決問題，而非製造問題；要替他們節省時間，而不是浪費大家的時間。」

8.3　牛頭角電話

得到師兄傳授簽單秘技，我信心大增。為了儘快有成績，我嘗試找一些舊客加單。

其中一位是住在牛頭角的松叔，他是貨車司機，過去一年他一家已幫我買了七張單，在這關鍵時刻，我自然又想起他。我刻意在松叔放工時間到他的家，可惜那時他未回家，我便跟他的太太和兒子聊天，坐了兩小時，我也不好意思等下去，正想離開之際，松叔回來，重燃我的希望。

原本我想用公司的優惠跟松叔打開話題，豈料我未開口，松叔便說：「Wave，近來經濟環境很差，我也擔心收入不穩，生計受影響……」我聽到這裏，預備好的台詞最終也沒說出口，加上已經夜深，只好說聲「那你保重，夜了，好好休息！」便離開。

我帶着失望的心情步出大廈，老闆剛好來電，「Wave，現在甚麼環境？」於是，我跟他說了剛才的情況。

「你媽媽跟我買單，多不多？」

「很多，我想替我媽媽加單也不行。」

「那你認為我每次找你媽媽加單時，她有沒有異議？」

這個問題我倒沒有認真想過，但以我媽媽的性格，我猜

應該有。老闆便說：「沒錯，我每次找你媽媽加單，她一定說沒錢，還有各種各樣的理由。但我沒有理會，繼續說我想說的。你試想想，如果你媽媽沒買保險或做儲蓄，她的錢會否還在銀行？」

「沒可能，一定已花光。」

「正是，如果我當日順從你媽媽的意思，沒有為你們幾兄弟妹做儲蓄計劃，你也未必有錢讀大學。所以，你不要想客戶有沒有能力交保費，反而是我們作為財策顧問，有沒有盡責說了要說的話。買不買是客戶的決定，但如果你不說，他們連知道的機會也沒有，更不要說做決定。所以，面對松叔，別想那麼多，去盡你的責任吧！」

經老闆提點後，我一星期後再探望松叔，這次暢所欲言，結果又再成功簽單。

8.4　借錢買保險的客戶

不經不覺比賽已到最後一個月，經過一番努力，我與第一名 Monica 的業績差距收窄至 5 萬元。今天，要做到這業績是輕而易舉之事，但在 1998 年，這是很多人一個月的業績。換言之，我要在最後一個月做出比 Monica 最少多 5 萬元業績才有機會反敗為勝。

為了達成目標，我無所不用其極；11 月，我除了不斷找新生意，還打算叫今年內月供或半年供的客戶提前交續保保費，因為提前交的保費亦可算入比賽的業績內。我記得之前

Keep Going, Keep Growing

有位我稱呼她為姨媽的客戶，幫我買了一份半年供的保單，於是致電她，希望她提前續保。電話接通後，話筒傳來麻將聲……

「姨媽，你在打麻雀？這樣不打擾你了。」

「不要緊，找我有甚麼事，快說！」

「姨媽，我知道你的保費明年才到期，但不知你是否方便本週提前交保費？」

「好！你明天過來收票吧！」

姨媽二話不說就答應，令我有點不知所措，反問她為何不問原由。

「你提出這要求，一定有你的原因，我能幫便幫吧，是甚麼原因也不重要，沒有其他事的話我繼續打麻雀了。」

電話掛斷後，那刻我感動得哭了出來，這種義無反顧的信任，是我入行前無法體會的。我跟自己說：「我要成為一個最優秀、最專業的財策顧問，以後一定要給姨媽最好的服務！」

除了請客戶提前交保費，我亦廣發信件給現有的客戶和朋友，看看有沒有人需要加保或買保險。經過這番努力，我與 Monica 的差距卻沒有變過，我努力追趕的同時，她亦努力拋離我。

距離比賽結束的日子愈來愈近，我唯一可做的就只有努力約見客戶，把日程排得滿滿，若然一個客戶爽約，我便

馬上約見第二個，務求把握每分每秒，無悔今年。在最後十天的一個中午，我其中一個客戶爽約，我臨時約了一個朋友阿文在荔枝角一間茶餐廳吃午飯。阿文今年大學畢業，剛上班一星期，我沒有想過向他推銷，只是不想一個人待在辦公室。當時人多嘈雜，但我仍記得那次對話。

阿文問我：「Wave，你的比賽如何？」

「就像跑 400 米比賽，已經跑到最後 40 米，但仍然落後於對手，現在只能繼續跑，如果我就此放棄，就算對手有任何差池，我連反敗為勝的機會也沒有。」

説罷，我們沉默了一會，阿文竟説：「如果我現在幫你買單，可否計入比賽？」

我聽到後，心裏一酸，「謝謝你，我心領了。你剛大學畢業，試用期未過，又未發薪水，哪有多餘錢買保險？」

「你不要理這麼多，總之你跟我説，我幫你買，這單可否計入比賽？」

「可以。」

「那就好了，你為我設計計劃書吧，我的錢不太多，每月約 1,000 元吧。」

「謝謝你，我會盡力做好計劃書，但你也要量力而為。」

數天後，我再約阿文到我家談計劃書，並不忘做好基本功，展開「簽單八步」。講解完後，阿文爽快地説：「就這樣吧。」

「你想年供還是月供？」

「怎樣對你較為有利？」

「阿文，你幫我買單，我已很感激你，你量力而為吧，月供對你會較好。」

「但我想知年供還是月供幫你多一點？」

「年供會多一些！」

「那麼，年供的話，我要供多少？」

我即場計給阿文，他説：「好吧，我明天回覆你要年供還是月供。」

第二天，阿文果真回覆我要年供，還給我一大疊現鈔，教我十分驚訝。「你哪有這麼多錢？」阿文最初説是母親為他儲的，但在我逼問下，最後和盤托出，是向母親借來的。那一刻，我真感動得無言以對，簽了這張單後，竟發生了奇蹟，我每次見客都十分順利，很多客都即見即簽。憑着最後衝刺，我在最後一個月破了個人單月紀錄，簽了 23 張單、累計 30 萬元業績，比舊紀錄多出數倍。真的感謝主！感謝老闆和師兄！感謝一眾支持我的朋友和客戶！少了他們任何一個，我也不能走到這一步。

最後賽果如何？相信讀者也很想知道，以業績計算，我確實成為公司 25 歲以下組別的第一名，但我忽略了比賽規則，例如有些生意並不計算在比賽內，也未有留意續保率的影響，扣除這些因素，我倒輸 2 萬元業績，屈居第二，因而

失去參加 1998 年 OYSA 的資格。但我當年自問盡了全力，問心無愧，如果 1998 年能夠重來，我也未必可以做得更好。而且，我當時只得 23 歲，翌年還可以再參賽，繼續追夢。

到了第二年年中，我的業績是全公司第九名，與第一名有很大差距。但我相信「皇天不負有心人」，還有秉承「計較得失易迷茫，心有成敗舉步難」的精神，把 1998 年學到的一切投放在比賽過程中，努力去追，結果我再一次從後趕上，成功奪得公司第一名，代表公司出戰 OYSA，並贏得獎項歸來，成為第一位奪得這個獎項的男性財策顧問。

◆ Monica 邀請我出席她的 OYSA 頒獎禮鼓勵我，可謂不打不相識。

◆ 與家人和同事在 OYSA 頒獎禮上合照。

◆ 與大老闆 Alfred
　（左）和老闆 Kanki
　（右）在 OYSA 頒
　獎禮上合照。

◆ 與阿文在 OYSA 頒獎禮上合照。

8.5 感恩是一種智慧

亞洲金融風暴來襲，香港經濟受重創，我雖然在 1999
年勝出 OYSA，但與 1998 年業績相比，仍遜色不少。而當
年的一些對手，成績比我跌得更多，翌年連 MDRT 也達不
到，再過兩年甚至轉了行。這件事令我想起 1998 年飲恨無

緣出線參賽，但卻給我動力追夢，而在 1998 和 1999 年的雄厚客戶羣支持下，我在經濟環境逆轉時，亦不致於翻不了身。多年後，我所屬的團契發生了一件事，更令我明白到「塞翁失馬，焉知非福」的道理，所以凡事要抱着感恩的心。

話說有一次出席團契，席間主持提出一個有趣的問題：「抽獎時如果中獎，大家會否感恩？」每個人都興高采烈地説會。主持再問：「如果抽不中，大家又會否感恩？」大家隨即鴉雀無聲，都在靜靜地反思這個問題。

■ 不幸只是祝福的外衣 ■

過了一會，一位弟兄打破沉默，答道：「此刻我未必會感恩，但一段時間後可能會。」大家都很好奇他為何這樣説。接着，這位弟兄分享了一段往事。

原來，他與現任太太結婚前，曾跟一位女孩拍拖。有一天，女友突然向他提出分手，當時他傷心欲絕，自問已盡男友本份，又沒做錯甚麼，難免為此埋怨神，覺得神沒眷顧他。直至他遇到現在的另一半，太太各方面的條件都比前度女友好，二人還結婚生子，相當幸福。所以，他感恩，如果前度女友沒有和他分手，便不會遇到現在的太太，也不會有如此美滿的家庭。

■ 信就是所望之事的實底 ■

另一位姊妹隨即説：「即使我抽不中獎，我都會感恩。」

大家又好奇地問原因，她說以往遇過很多不如意的事，就像那位弟兄般，隔一段時間後便會有更好的結果。因此她深信所有事情的發生都有其意義和價值，是通向所求之事的必經之路，甚至會比你所求的得到更多。

大家聽完後，都連番感恩，一來替弟兄找到真愛和幸福而高興，二來為姊妹那份堅定不移的信心而鼓舞。同時，大家也明白一件事，每當我們遇到挫折、困難時，總覺得那是惡運。但在若干時間後回想，當日的所謂逆境也不算甚麼大不了的事情，反而恩典在其中。

此時，一位弟兄帶出另一個問題：「如果發生的事，是完全看不到有恩典或祝福的可能性，例如早前在電視看到新聞，有一家人去旅行遇意外，只剩下一個家庭成員生還，或是有人患上癌症，命不久矣，背後還有甚麼祝福可言呢？此時還能感恩嗎？」

大家又再陷入一片沉默，良久才有一位弟兄站出來說：「癌症患者只要活着，隨着科技進步，仍有可能獲得適切的治療把病醫好。而他的病，亦正好提醒他生命、健康之可貴。至於全家人旅行遇意外的悲劇，至少還有一個成員生還，家族還未絕後吧。」

■ 正面思維 ■

聽着，可能有人會覺得這位弟兄所說的只是一種阿Q精神，但我們卻可看到不同思維的人，看事物有不同觀點。我認為一件事本身是沒有價值的，它的價值是由看它的人所賦

予的。正如一個思想正面的人，便會將焦點放在他依然擁有的東西上；一個思想消極的人，便會將焦點放在他失去的東西上。

確實，世上不如意的事十常八九，既然事情改變不了，何不接受事實，改變心情？與其抱怨渡日，何不樂觀一點，懷着希望、感恩的心活下去？未來還有變數，一切皆可改寫。我很喜歡某公司的英文口號：「Write the future！」

後來，我看到一篇報導，一個香港家庭於十年前到新西蘭旅行遇上車禍，一家五口只得女孩生還。當時她亦身受重傷，骨折、面癱、視覺神經受創，一度看不見東西，但她並沒有自怨自艾，反而樂觀面對人生。她感謝身邊親戚朋友的支持，努力完成碩士課程，並參與馬拉松比賽，認識了現任丈夫，誕下一名可愛的女兒。若然她終日活在悲傷中，躲在家裏，她又何以擁有幸福的家庭？

感恩是美德，更是一種智慧；而懂得在逆境中感恩的人，會活得更開心、更精彩，儘管是阿 Q 精神又如何？

8.6　人不可以不成長

我奪得 OYSA 後，公司替我做了一個訪問，讓更多人認識我；亦因為老闆的提攜，開始有其他團隊邀請我演講。每一次出場前，司儀都會這樣介紹：「Wave 是第一位拿到 OYSA 的男性財策顧問，同時亦是 MDRT 和鳳凰區的第一名。」我聽到時十分亢奮。

傑出FP光耀門楣

兩位FP Mr. Wave Chow (PX-KANKI) 及Ms. Florence Lee (CL-TY) 日前為自己的實力奠下明証，分別奪取兩項具代表性的業界榮譽。FP Division當然要為大家送上捷報，並且率先採訪兩位大獎得主，披露他們的獲獎心情。

Mr. Wave Chow (PX-KANKI)
——首位奪得OYS*榮譽的FP男選手

* 新晉傑出推銷員獎Outstanding Young Salesperson Award (OYS) 由香港管理專業協會(HKMA)轄下之市場推銷研究社 (SME Club) 舉辦，各營銷行業精英須在本行產品知識、銷售技巧及表達模式三方面皆有出色表現方可榮膺獎項。

FP = FP Division

FP　：作為全公司第一個男性FP獲得OYS，您有何感受？

Wave：非常開心。今次參賽的對手很強，所以我由參選開始，到最後面試，都十分重視自己的表現，事前做足準備，詢問很多前輩的意見，希望堅持到底，終於成功出線，真是「皇天不負有心人」。
　　　得獎之後，自己做事的信心大增，因為自己的努力和成績在業界得到了肯定。此後，我會對自己多加檢討，將以往做得不足、做得不好的地方加以改善；絕不能因得獎而驕傲。

FP　：您的未來目標是什麼？

Wave：下一個目標是奪取DAA及DMA獎項！
　　　我計劃自己今年能夠晉升為UM；到2002年則成為SUM；我期望能夠在管理及培訓方面取得好成績，成為一個好領袖，將所學到的回饋社會。

FP　：有什麼鼓勵說話要與其他FP分享？

Wave：「有夢想，未必可以成功；但沒有夢想，縱使成功了，又有何意義？」
　　　我希望所有FP在做好成績之餘，亦應知道自己的夢想是什麼。
　　　過去縱有無數獎項作為一個又一個里程碑，未來也要引領自己繼續努力，創出好成績，開拓新天地，創造更多價值。
　　　我在管理工作方面是一名初哥，希望公司和其他前輩多多指教。
　　　藉此機會，我想向以下各位曾經給我鼓勵與支持的前輩說聲多謝：
　　　Alfred Wong (PX-AW)
　　　Kanki Lam (PX-KANKI)
　　　Terence Yee (CL-TY)
　　　Queenie Chan (SUC-YES)
　　　Bernard Chan (PX-AW)
　　　Monica Luk (CL-GINA)
　　　Calvin Mak (PX-KANKI)
　　　FP Division
　　　Arnold Chan
　　　尤其特別多謝Alfred及Kanki教導自己做人和做保險的道理。

Wave以優越成績答謝區域總監 Mr. Kanki Lam的教導

引用Kanki給予Wave的一句說話作結，就是：「後其身，而身先」。期待Wave可以如願以償，再上高峰！

如是者，這個介紹持續了接近一年，有一天司儀以同樣開場白介紹我時，我突然覺得有點礙耳。「為甚麼這個介紹沒變過？這些榮譽都是去年的，我今年究竟做過甚麼？」我發現自己原地踏步，遂勾起一句金句：「你可以不成功，但不可以不成長。」所有生物都會成長，只有死物才不會成長；我只有 25 歲，難度 OYSA 就是我事業的頂峰嗎？難道我往後的人生會一直走下坡？

還記得我在追 OYSA 時製作了一張海報嗎？除了 OYSA 外，我還想奪得 DSA 和 DMA，成為公司第一個同時奪得這三個獎項的人，創造傳奇。DSA 是繼續做銷售，跑業績；DMA 是做管理。我入行做財策顧問時，其中一個吸引我的就是晉升機會，於是我便向着這兩個目標進發。

多得之前我自製電話中心，讓我成為全公司強積金業績第六名，贏得了一次出席日本大阪海外會議的機會。在其中一晚，老闆帶我去心齋橋玩，巧遇容永祺總監。容總監不單是我們公司的高層，更是首位保險界香港十大傑出青年，後來更獲委任為太平紳士、全國政協委員，並獲頒授銀紫荊星章等。我能見到容總監已非常高興，想不到他更即場贈送成功錦囊給我。

記得那時在心齋橋的金龍拉麵店，我們坐下吃拉麵，容總監問我：「Wave，你知不知你們鳳凰區族長 Alfred Wong 和你的老闆 Kanki Lam 擁有最多的是甚麼？」

我不明所以。

「他們有大量銀紙！你有沒有？」

我搖頭表示沒有。

「你雖然沒有大量銀紙，但你有大量日子，你可以用日子換銀紙。這行業只要辛苦三、五年，便可風光30年！」

聽完這句說話，我簡直「七孔流麵」，內心隨即湧現一團火，誓要闖出一番事業。

◆（左起）Kanki、容總監、我和 Alfred 在 2001 年於日本大阪留影。

回港後，我專注發展團隊，於 2001 年 12 月 1 日晉升為分區經理，擁有自己的小團隊。惟管理是另一門學問，當中有不少起起跌跌的經歷，詳情可翻閱我第一本著作《打造 100% MDRT 團隊—絕密關鍵》。

晉升為經理後，我失去了被提名 DSA 的資格，因為 DSA 只有財策顧問才可以參加。但很感恩，我憑着 2009 年（後金融海嘯期）的團隊業績，於 2010 年奪得 DMA 獎項，而我亦成為了 MDRT 終身會員。當年海報所列的三個獎，最終我奪得當中兩個。

雖然我未能拿下三個獎，達成大滿貫，但我想帶出一點，當日我製作那張海報時，我只是一個初出茅廬的小伙

◆ DMA 頒獎禮中與太太和同事合照。

子，手上沒有任何籌碼，我不可能知道有甚麼人會幫我買單，亦不知道有甚麼人會加入我的團隊。一切都是先定下目標，再逐步打拼回來。

8.7　哈佛大學跟蹤調查

哈佛大學曾進行過一項跟蹤調查，對象是一羣在智力、學歷和環境等方面條件差不多的年輕人。開始時，調查問卷只有一個問題，就是了解他們的目標感。調查結果發現：

A. 27% 的人沒有目標；

B. 60% 的人目標模糊；

C. 10% 的人有着清晰但比較短期的目標；

D. 其餘 3% 的人有着清晰而長遠的目標。

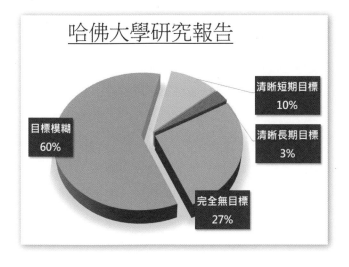

哈佛大學研究報告 / 清晰短期目標 10% / 清晰長期目標 3% / 目標模糊 60% / 完全無目標 27%

25 年後，哈佛再次對這羣學生進行了跟蹤調查。結果如下：

A 的人，他們的生活沒有目標，過得很不如意，並且常常在抱怨他人，抱怨社會，當然，也抱怨自己；

B 的人，他們安穩地生活與工作，但都沒有甚麼特別成績，幾乎都生活在社會的中下層；

C 的人，他們不斷實現自己的短期目標，成為各個領域中的專業人士，大都生活在社會的中上層；

剩下 D 的人，在 25 年間朝着一個方向不懈努力，幾乎都成為社會各界的成功人士，其中不乏行業領袖和社會精英。

其實，25 年絕對不短，所有人一定經歷了相同或不同的順逆境，為甚麼有些人成為人生贏家，有些人則在苦苦支撐呢？分別不在於經歷了甚麼，而在於用甚麼態度去經歷。他們之間的差別僅僅在於：25 年前，他們中的一些人就已經知道自己最想要做的是甚麼，而另一些人則不清楚或不是很清楚。這個調查清楚地説明了明確生活目標對於成功的重要意義。

順風時我們要認清目標，難度逆風時就不需要嗎？其實逆風時更要抓緊目標，否則被風吹至哪裏也不知道。今天有這小小的成績，我要感謝神的恩典，還有我老闆的悉心栽培，當然還有很多貴人的幫助，包括我的朋友、戰友、對手等等。

人因夢想而偉大，我是一個喜歡做夢的人，但有夢而不行動，這個夢永遠不會實現。記得在新人畢業典禮上，公司送了一張卡給我們，上面寫着：「有所想，無所動，只是夢；有所動，無所想，度光陰；有所想，有所動，夢境成！」這三句話在往後的日子裏不斷提醒我心動也要行動。

·學習筆記·

1. 要有一次簽單的決心

2. 六個一次簽單的關鍵問題

   一、客戶為何要買單？

   二、他為何要跟你買？

   三、為甚麼是這個預算？

   四、為甚麼要買這個計劃？

   五、為甚麼是這個保額？

   六、為甚麼要現在買？

3. 不幸只是祝福的外衣

4. 信就是所望之事的實底

5. 我認為一件事本身是沒有價值的，它的價值是由看它的人所賦予的

6. 思想正面的人，會將焦點放在他依然擁有的東西上；思想消極的人，便會將焦點放在他失去的東西上

7. 感恩是美德，更是一種智慧

8. 你可以不成功，但不可以不成長

9. 辛苦三、五年，便可風光 30 年

10. 要有清晰而長遠的目標

11. 順風時我們要認清目標，逆風時更要抓緊目標

12. 人因夢想而偉大

13. 有所想，無所動，只是夢；有所動，無所想，度光陰；有所想，有所動，夢境成

9 後記

9 後記

9.1 亂世中一定要飲這半杯水

時光飛逝，香港自 2019 年 6 月開始，便經歷了連串社會事件和新冠疫情的衝擊。除影響到市民日常工作和生活外，不少商戶也因此提早關門，生意受到嚴重影響。而抵港旅客大減令旅遊及酒店等行業雪上加霜。我有些朋友更因此感到不安，對香港未來存疑，萌生移民念頭。

我自己從事的保險業也難免受到影響，因封關關係，令抵港旅客投保數字銳減。雖然有些港人因擔心病毒而投保，但始終彌補不了消失了的遊客生意，有些同業更對前景有所動搖。

■ 同一件事 不同人有不同觀點 ■

為了穩定軍心及激勵同事，我在一個早會上，特別分享了一個「半杯水」的故事。A 看到這半杯水便想：「甚麼？只剩下半杯水？怎麼夠飲？」B 看到這半杯水則心存感恩：「還好有半杯水，我不用渴死！」

我相信你一定聽過以上的故事，亦知道上述兩種人分別代表悲觀和樂觀的人生觀。但其實這個故事不止這兩種人，還有最少三種人。

C 看到半杯水，馬上站起來，到茶水間拿水壺來倒滿這半杯水。這種人行動力高，不甘於坐以待斃，着力改寫自己的人生，將來會成為行政人員。

亂世中一定要飲這半杯水

　　D 也動身往茶水間，但他不單拿水壺來，還多拿幾隻杯，為的是怕其他人沒水喝。這類人懂得為他人着想，願意為他人付出，照顧有需要同事，未來一定是管理階層或老闆。

　　還有一種人 E，他看到這半杯水，便沉思道：「為甚麼會只有半杯水？是否這裏缺水？可能水的生意大有可為？不如做蒸餾水生意？」很明顯這類人擁有企業家思維，遇事便會發掘背後的機遇，這種人未來必定是成功的生意人、大企業家。

■ 別被悲觀情緒主宰 ■

　　同樣半杯水，不同人有不同的着眼點，亦會有不同的想法及行動，繼而成就不同的人生。常言道：「思想影響說話，說話改變行為，行為形成習慣，習慣成為性格，性格決定命運。」反過來說你想做甚麼人，很大程度取決於你的思想。我和同事說：「我不知道你們現在是哪一種人，但請你們問問自己，想做哪一種人？」同事選擇不一，有人選 B、有人選 C、D 或 E，惟獨沒有人選 A。

　　由此可見，沒有人想過悲觀的人生，但卻往往不自覺地被負面情緒所主宰。那我的答案呢？我貪心點，同時選擇 B、C、D、E，我要做一個樂觀、有企業家思維、坐言起行和樂於助人的 Leader！你呢？

　　最後問你一個問題，對你來說，那半杯水是甚麼呢？

銷魂 2.0 —— 保險銷售的九陽神功

9.2　冬天賣雪糕

　　早幾天我收到一位網友私訊，他說剛加入保險業不久，便遇上疫情，到港旅客劇減，中美貿易戰陰霾仍在，企業更出現裁員潮。於是覺得自己生不逢時，現在苦惱着是否應該繼續留在保險業發展。

　　我跟他分享了一個在網上看到的故事。話說有一位台灣仁兄想創業開雪糕店，但不夠資金，他的一位親戚是有「企業之神」之稱的台灣富商王永慶，於是他冒昧前去向王永慶借錢給他開店。

■ 王永慶的三個條件 ■

　　他把自己的開店計劃一五一十說出來，王永慶聽完後，隨即說：「錢可以借你，但有三個條件：第一，我只會借一次，第二，你起碼要堅持做一年，第三，雪糕店必須於冬天開業。」

　　這位仁兄對於首兩個條件完全沒有問題，但第三個便有些疑惑，因為冬天很少人吃雪糕，這時開店豈非出師未捷身先死？捱不捱到夏天都成問題。但由於他沒有第二個途徑籌集資金，又不甘心就此放棄創業，於是便答應了王永慶的三個條件。

　　一如他所料，剛開業時雪糕店生意十分差，但因為要信守承諾，雪糕店要堅持一年，他惟有咬緊牙關經營下去。一方面減省不必要開支降低成本，另一方面想辦法激活生意，

包括多做些低成本推廣，又想出很多創意點子吸引顧客，就這樣終於捱過最艱難的時期。冬去夏來，由於之前做了一番推廣，很多顧客慕名前來光顧，生意比想像中更好，而雪糕店亦可長久經營下去，渡過了很多個寒冬。

■ 逆境可正視問題 磨煉意志 ■

一盤生意是否成功，開業的時機和資本固然重要，但創業者的意志及努力亦不能忽視。上述故事中，王永慶要這位仁兄生於憂患，就是要他打好地基，培養實力，包括想好自己的產品定位，嚴格控制成本及產品品質，訂下公司的銷售模式。當他捱過艱難的冬天時，在銷售旺季的夏天裏，必定會如魚得水，更上一層樓。相反，一個人在順境創業，由於太過一帆風順，過程中縱然有做得不好的地方，也會因為生意好而未被察覺。有些人甚至會自視過高，不聽別人勸告，一意孤行，從不正視自身問題。這些人或公司一旦遇上逆境，便會不知所措，怨天尤人，最後一蹶不振。

回想我自己 1997 年 8 月入行時便經歷了亞洲金融風暴，當時股市及樓市暴跌，社會出現大量負資產，裁員減薪潮持續，天天有人自殺，又發生通縮，出現賤物鬥窮人的景況。當時很多前輩們的客戶要求退保，生意大受打擊。

■ 打穩基礎 待大升市發圍 ■

那時很多人問我如何逆境求存，我天真無邪地說：「現在是逆境嗎？我入行時環境已是這樣，我也未見識過你所謂

9 後記

的風光時刻，根本無從比較，反而我覺得最近愈來愈順！」可能因為這股傻勁，令我可專心做好自己，打穩事業基礎。

或者是時勢做英雄吧，當時我剛畢業，身邊的朋友大多零資產，這比起負資產的專業人士和生意人更富有。令我憑着發展大學畢業生市場殺出一條血路，於 1998 年我更奪得團隊個人業績的第一名。

在此想帶出的是，當年與我同期入行的人只有兩個結局，一是早已離開這行業，二是已成為業內頂尖的人物，這正正引證了王永慶的「冬天賣雪糕」概念，烈火煉真金，逆境出強人。所以在此勉勵正在看書的你，無論是從事保險業，或是想創業的朋友。生於憂患，死於安逸，只要捱過嚴冬，等到春暖花開之日，便是一飛衝天之時。

9.3　ABCDO 五個成功的秘訣

近年我有幸獲邀四出到海外演講，分享保險營銷及管理經驗。有一次，我受邀到印尼演講時，在答問環節有觀眾直接問我成功心得，時間所限，我很簡單地以五個英文字概括，就是 ABCDO。

■ A = Awesome dream 偉大的夢想 ■

周星馳在電影《少林足球》中有一句金句：「人如果沒有夢想，與一條鹹魚有甚麼分別？」要成功，必須先有目標，而這目標要夠大夠遠。

試想想，如果你的目標只比去年進步 10%，只要勤力一點點已可達成。如果要進步 30%，除勤力外，也許要在一些細節位置做得更好，正所謂細節決定成敗，名牌手袋往往就是在細節上做好一點，價格就貴很多。但如果要進步 50% 或 100% 甚至更多，單靠努力及改善現有的工作模式絕不可能實現，更甚者從前成功的方式有可能是今天達標的障礙，故必須來個變革，逼自己想一些突破性的策略及方法，提升自己的思維及格局。我經常與同事說：「人因夢想而偉大。」成功的第一步便是要替自己找到一個偉大的夢想。

■ B = Begin with the end in mind 以終為始 ■

有了夢想，我們便可因應夢想來制定實行的方法，這就是以終為始。

很多人思考策略的視角是從起點出發，想見一步行一步，但人的想法和決定很多時會受當時的心情影響，有可能最後會偏離最終目標。情況就如我們走路時，只顧低頭看着地下，而非望着終點走，如此便很難走到直線，甚至原地打圈也不足為奇。因此，我們要以終為始，從終極目標逆向部署行動，這個思維會令我們工作甚有效率，也不會浪費時間及資源。

■ C = enlarge your Comfort zone 擴大舒適圈 ■

這個世界最傻的事，就是一直做相同的事，卻期望有不同的結果。若然要實現從未實現過的偉大夢想，便必須做一

些從來未做過的事。

人總愛活在舒適圈中，我也不例外，我們喜歡做一些自己擅長或喜歡的事，對於新環境、新事物，或一些未做過的事，由於不熟悉、不習慣，害怕做得不好，或多或少會想逃避，甚至抗拒。如果我們適應更多不熟悉的事，換言之舒適圈便會擴大。而舒適圈的大小跟財富圈是成正比的，那表示你的財富便會愈多。

確實，成功的人普遍願意接受挑戰，學習新事物，當熟能生巧後變成生財工具，就能把新事物納入了自己的舒適圈中。所以，要成功的話，先要問自己，你有否踏出第一步、衝出舒適圈的勇氣。

■ D = Do my best, and to be the best I can be 做最好的自己，做自己的最好 ■

有了目標及踏出舒適圈的心理準備後，接下來就要正視自己的工作態度。我們必須抱着「做到最好」的心態去工作。所謂差之毫釐，謬以千里，如果我們凡事都做得比預期好，便可以很快達成目標。如果得過且過，只抱着完成工作的心態，你永遠只能做一個打工仔，無法晉升至更高的位置。

在保險銷售這一行業特別明顯，從來沒有人否定這個銷售模式的好處，但有些人可以有好成績，年薪過百萬甚至上千萬，有些人則只可以賺取基本生活費，兩者差異就在於工作態度。前者會不斷找新客源，提升自己的服務和銷售技

巧，結果有很多轉介客戶。後者則是做夠數便收工，成績平庸也是理所當然。

■ O = Optimistic 樂觀 ■

老實説，沒有人會永遠一帆風順，像我過去 22 年工作生涯中，也遇過很多經濟起伏和社會動盪。一入行便爆發 1997 年亞洲金融風暴，經濟開始下行，其後有 2000 年科網泡沫爆破及 2003 年沙士爆發，將香港經濟推到谷底。雖然 2005 年逐步回升，但 2008 年又爆發金融海嘯，然後是歐債危機、佔中事件、內地外匯管制，以至近年的社會事件及新冠疫情。

如果是悲觀的人，便會經常想：「經濟如此差，生意很難做。」結果就是原地不動，甚至投降離場。但樂觀的人便會抱着「危中有機」的心態，不理會那麼多，逆流而上。事實上，很多恐懼都是存在於幻想之中，結果還未出現就「驚定先」。其實凡事樂觀一點，相信主的安排，自會有一條光明大道。

這五個英文字就是我的成功秘訣，希望對你有啟發和幫助。

9.4　給老闆的情書

寫完《銷魂》後，我便發給幾位背景不同的朋友試閱，希望他們給予一些反饋，務求在出版前精益求精。

9 後記

　　他們不約而同表示喜歡看我的成長故事，多於第 2 和第 7 章那些硬功夫。然而，始終這本書不是傳記或故事書，而是一本工具書，我希望你看完《銷魂》後有一些得着可應用於日常工作。所以，我在編排時花了一點心思，把心態、技巧貫穿於我的成長和工作歷練，令內容不致乏味。此外，我亦把內容按銷售流程分類，把相同屬性的集中在一起，令讀者易於檢閱所需。但可能我功力不夠，故未能令他們喜歡這些部分，希望未來有機會做得更好。

　　另外，我又收到一個有趣的意見：

　　「最後，我想吐槽一下。這本作品根本不是你的故事，而是你對老闆的『情書』。粗略計算，『老闆』這個詞語在書中出現了 140 次以上，很可能比『保險』這個詞語更多，不如將書名改為 First day with Kanki（如名作 *Tuesdays with Morrie*）。」

　　我看到這個意見後，便笑個不停，立刻轉發給編輯看。編輯笑說自己也有同感，若不認識我，還以為我是靠擦鞋上位。而且，她說書中的我有點被「矮化」，怕影響我的形象，問我是否介意。我笑說：「我入行首兩年差不多每晚也與老闆通一小時電話，沒有他的悉心栽培，我也沒有現在的發展。何況我寫這本書不是為了個人宣傳，而是希望藉我作為新人時的故事，帶出推銷員的奮鬥精神和分享銷售溝通技巧，也希望能給所有從事保險銷售工作的朋友一些啟發和鼓勵，矮不矮化也沒所謂。」

成功的路不擠擁，因為太多人中途放棄了。黎明前特別黑暗，願我所分享的方法和經歷能在漆黑中為你帶來光明。

最後多謝你看完《銷魂》，希望你喜歡《銷魂》！祝你晉身 MDRT 、 COT 、 TOT ，以及成為終身會員！

· 學習筆記 ·

1. 思想影響説話，説話改變行為，行為形成習慣，習慣成為性格，性格決定命運

2. 半杯水：要做一個樂觀、有企業家思維、坐言起行和樂於助人的 Leader

3. 冬天賣雪糕：生於憂患，死於安逸，逆市入行有助打好根基

4. ABCDO 五個成功的秘訣

    A = Awesome dream 偉大的夢想

    B = Begin with the end in mind 以終為始

    C = enlarge your Comfort zone 擴大舒適圈

    D = Do my best, and to be the best I can be
        做最好的自己，做自己的最好

    O = Optimistic 樂觀